U0162274

艺术家

星の辞典

[日] 柳谷杞一郎　著

沈于晨　译

上海文化出版社

　　宇宙在不断膨胀，这是美国天文学家哈勃公布的震撼了科学界的发现。他发现银河等遥远星系正在急速离我们远去。当然，太阳和地球因强大的重力互相吸引，二者的距离并未增大，其他恒星之间的距离也没有发生变化，远去的是像银河那样的星系。

　　宇宙从前非常非常小，在约138亿年前，它就像一个极小的火种，后来这个小火种（超高温、超高密度）发生了大爆炸，宇宙就此诞生，这个理论被称为"大爆炸理论"。

　　时至今日，宇宙依然在膨胀。

　　这个小火种是如何形成的？在形成之前它又是什么状态？膨胀的宇宙外侧存在什么物质？疑问无穷尽，现下也难寻答案。

　　总之，宇宙诞生了。它在急速膨胀之后减缓了速度。在宇宙中，自由盘旋的电子围绕原子核旋转，原子核及核外电子构成了原子，氢气等气体及尘埃因重力集聚导致密度加大，温度升高。当恒星内部发生核聚变时，就形成了会散发大量光与热的恒星。于是，美丽的星星开始在夜空中闪耀。最初的星星出现在宇宙诞生约2亿年之后，太阳系诞生于46亿年前，地球上的原始生命则诞生于40亿年前。

　　与漫长的宇宙历史相比，人类的始祖出现在地球上、人类开始研究宇宙的不可思议都像是刚刚发生的事。在没有电视、广播和网络的年代，欣赏美丽的星空一定比任何娱乐活动都更震撼人心，而且通过观察星空判断方位及时间也与生活的便利息息相关。

银河系由数千亿颗恒星构成，而类似银河系这样的星系在宇宙中的数量超过一千亿个。其中，太阳系所在的银河系在所有星系中相对较小，但也由约两千亿颗恒星构成。如果把一粒米当作一颗星星，两千亿粒米足能填满十五个小学泳池（25米×12米×1.2米）。在宇宙中，不计其数的星星正在不断燃烧。

即使在现代，夜空中闪烁的星星也极为震撼人心。

欣赏星星，了解星星，讲述星星，与星星交谈——谨盼本书能令更多人爱上星星。

目录

星

Dictionary

of the star

星座的由来

很久很久以前，眺望夜空对人们来说不仅是件开心的事，更能为生活提供便利。人们通过仔细观察星星和月亮编制历法（知晓季节变迁）、判断时间及方位。五千年前，牧羊人和水手们即使不会读书写字，也必须会看星空。在古代，天文学家无疑是最顶级、最优秀的知识分子。

为了让更多人了解星空的知识，人们想出了把按照一定特征排列的星星具象化的方法，如果能把它们描摹成神话中出现的英雄和动物，那么效果更佳。星座因此应运而生。历史上首次出现星座记载的地方是古埃及。

古埃及在公元前三千年就制定了精确的历法。在公元前6世纪的古巴比伦，人们十分重视天体观测，他们用在太阳圆形轨道上运行的十二星座的名字为黄道十二宫命名。

不久，拥有当时最先进文明的古希腊人对古埃及和古巴比伦的星象知识进行了大幅修改，他们将哲学和科学融入天文学中。公元前2世纪，天文学家喜帕恰斯按照亮度给850颗星星划分了等级并绘制出星象图。

　　大约三百年后，时值公元 2 世纪中期，希腊天文学家克罗狄斯·托勒密对喜帕恰斯绘制的星象图进行增补修订，编制出包含 1 022 颗星星的新版星象图。这幅新版星象图记载了流传至今的 48 个星座（直到 17 世纪初期未发生变更）。此外，中国在公元前一千年左右也制定了历法，公元 5 世纪时已确认了1 464 颗星星及 284 个星座的存在。

　　公元 8—9 世纪，伊斯兰文化迎来繁盛期。历法、时间与方位在伊斯兰文化中占据了极为重要的地位。克罗狄斯·托勒密的著作被翻译成了阿拉伯语，伊斯兰天文学也取得了飞跃性的发展，凌驾于欧洲天文学之上。

　　因此，人们大多认为如今使用的星星名称起源于阿拉伯而非希腊。16 世纪，大航海时代拉开帷幕，水手们在航海途中迷失了惯用的标志性星星，又偶遇了陌生的新星。如此一来，克罗狄斯·托勒密划定的 48 个星座在一千五百年后又被加上了南半球的 12 个星座。自那之后，一众天文学家随意增加新星座，造成一片混乱。为了解决这种混乱的局面，国际天文学联合会于 1919 年成立，并在 1930 年召开的全体会议上确定了 88 个星座。

为什么星座有季节性？

星星并不是总在同一个位置发光，它们的发光地点会随着时间、季节的不同而变化，看上去就像在运动，但其实运动的是地球。地球每天自转一周，因此，夜空中的星星看上去与地球自转呈反方向运动，这被称为星星的"周日视运动"（以每小时 15 度的速度自东向西运动）。

季节不同，人们看到的星星位置也不同。因为从地球上看，星星与太阳呈反方向运动，而地球每年绕太阳公转一周。所以有些星星只有夏天能看见，有些星星只有冬天能看见——这被称为星星的"周年运动"（以每个月 30 度的速度自东向西运动）。

除此之外，地球的自转轴就像陀螺的中心轴一样，一边慢慢地画着小圆圈一边偏移——这被称为"岁差运动"（周期为两万六千年）。因此，不断有星星交替着成为"北极星"。

天狼星
Sirius

　　大犬座的天狼星视星等[1]－1.5 等，是全天最亮的恒星，距地球仅 8.6 光年，也可以说正因为它离地球最近，所以最亮，其实际亮度为太阳的 40 倍，表面温度 10 000℃，直径为太阳的 1.8 倍。天狼星是有名的双星，其伴星 β 星（白矮星，视星等 8.5 等的暗星）发现于 1862 年，其内部的氢燃料几乎已耗尽，面临灭亡，如今仅靠收缩产生的余热发光。其质量等同于太阳，但直径与地球相差无几，相当于一个物体只有一颗方糖的大小，质量却达到百余千克。

老人星
Canopus

　　船底座的老人星视星等－0.7 等，是全天第二亮的黄色巨星，距地球 309 光年，因此它实际上比天狼星亮。老人星的质量约为太阳的 9 倍，直径为太阳的 65 倍，亮度为太阳的 15 000 倍。其位于赤纬[2]－52 度，因此，在日本，只有在近地平线处才能观测到它。受大气影响，人们看到的是光线被削弱的红色暗星。

1　视星等：天文学术语，指观测者用肉眼所看到的星体亮度，数值越小亮度越高，反之则亮度越低。本书脚注均为译者注。
2　赤纬：从天球上任意点到天球赤道的角距离，从赤道开始度量，向北为正，向南为负，与赤经共同形成天球的赤道坐标。

天狼星

老人星

大角星

大角星

Arcturus

　　牧夫座的大角星视星等 −0.04 等，为全天第四亮星。它闪耀着橙色光芒，直径为太阳的 26 倍，质量约为太阳的 20 倍，距地球 37 光年。大角星在日本还有个常用名叫"麦星"，因为每逢麦秋时节[1]它便会在人们头顶的夜空闪烁。其运动速度之快（秒速 125 千米，仅需 4 秒便可穿梭于东京和大阪之间）亦广为人知。它正在向室女座的角宿一的方向移动，6 万年后将与角宿一齐平。尽管它的速度很快，但要在夜空中运行看上去和满月直径差不多的距离，实际要花费 800 年的时间。

1　麦秋时节：6 月刚开始收割麦子时。

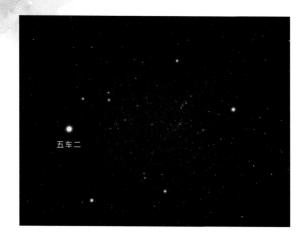

五车二

Capella

　　御夫座的五车二视星等 0.1 等，为全天第六亮星。其英文名称 Capella 意为"小母山羊"，表面温度几乎等同于太阳，颜色也是与太阳相似的黄色。五车二位于赤纬 46 度，在 1 等星中位置最靠北，北海道周边地区全年可见。五车二为双星，两颗黄色巨星（视星等分别为 0.9 等和 1.0 等）的绕行周期为 104 天，双星间距几乎等同于太阳和金星的间距（约 1 亿千米），使用普通望远镜无法同时观测到两颗星星。距离地球43 光年。

南河三

Procyon

小犬座的南河三视星等 0.4 等，为全天第八亮星，距离地球仅 11 光年，与地球的间距在 1 等星中仅次于半人马座的南门二和大犬座的天狼星。南河三与天狼星一样也是双星，伴有一颗白色矮星（10 等星），双星间距约等于太阳和天王星的间距，运行周期为 40.7 年。其伴星质量约为地球的 20 万倍，但直径仅稍大于地球，密度超高，相当于一个物体仅方糖大小，重量却超过 2 吨。该伴星的星体寿命已所剩无几。

参宿七
Rigel

猎户座 β 星参宿七视星等 0.1 等,为全天第七亮的蓝超巨星(御夫座的五车二视星等也为 0.1 等),在日本被称为"源氏星[1]",参宿四则被称为"平家星"。参宿七距离地球 863 光年,直径为太阳的 70 倍,温度极高(10 000℃以上),其实际明亮程度为太阳的 4 万倍,若其与天琴座的织女星处于同一位置(距地球 25 光年),则视星等会变成 −7 等。参宿七以超高速自转,自转速度超过 400 千米/秒。此外,参宿七也为双星(其伴星视星等 6.8 等)。

参宿四
Betelgeuse

猎户座 α 星参宿四是一颗红超巨星,视星等在 0.4 至 1.3 之间不规则变化。它在日本被称为"平家星",距离地球 497 光年,直径约为太阳的 650 倍。参宿四是一颗晚年恒星,因为发光结构不稳定,所以亮度会发生变化。它被尘埃及气体云包围,如今仍然在持续膨胀,预计最终会发生超新星爆炸,形成中子星[2](金牛座蟹状星云中也存在中子星)。人们推测它爆炸时的亮度相当于 −7 等星。

---

1 源氏星:源氏和平氏为日本两大武士集团,当年源、平两家的阵营分别举白旗与红旗作为区分。而参宿七呈白色,参宿四呈红色,颜色刚好与源氏的白旗和平家的红旗一致,因此,参宿七和参宿四在日本分别被称为"源氏星"和"平家星"。
2 中子星:质量没有达到可以形成黑洞的恒星在寿命终结时塌缩形成的一种介于白矮星和黑洞之间的星体。

参宿四

参宿七

南门二

Rigil Kentaurus

半人马座 α 星南门二视星等 −0.3 等，为全天第三亮的黄色星星，距离地球仅 4.3 光年，是离地球最近的恒星。如今，南门二正在不断靠近太阳系，一万八千年后，其与太阳系的距离将为 3.1 光年。南门二为 −1 等星，亮度仅次于天狼星，它因为属于三星系统而知名，其主星大小等同于太阳，其中一颗伴星距离主星 0.29 光年，以约 100 万年为周期运行，伴星较主星更接近地球。

水委一

Achernar

波江座的水委一视星等 0.5 等，为全天第九亮星，位于赤纬 −57 度、波江座最南端，散发着蓝白色光芒。在日本，若南下至鹿儿岛周边，或许可在地平线处勉强观测到它。水委一是人们探索南天星座时十分重要的星星，距离地球 140 光年。

马腹一

Hadar

半人马座 β 星马腹一视星等 0.6 等，为全天第十一亮星，闪耀着蓝白色光芒，直径为太阳的 15 倍，明亮程度为太阳的 5.5 万倍，距离地球 392 光年。相较于南门二，马腹一距离地球十分遥远，但实际上马腹一更明亮。半人马座位于赤纬 −47 度，在东京只能观测到一半，若要观测其整体只能南下至冲绳周边，因此人们对半人马座的两颗 1 等星南门二和马腹一比较陌生。

角宿一

Spica

室女座的角宿一视星等 1.0 等，为全天第十五亮星，纯白色。日本自古将其称作"珍珠星"，为人们所熟知。角宿一为五重星，其中大的两颗星星体积分别为太阳的 11 倍和 7 倍。表面温度极高，分别为 20 000℃和 18 000℃。这两颗星星为相邻的双星，以 4 天为周期互相围绕运行。角宿一主星高速自转（200 千米/秒），各星因相互受引力影响，整体呈歪斜的扁平状球体。不久将会变为红巨星，距离地球 250 光年。

河鼓二

Altair

　　天鹰座的河鼓二视星等 0.8 等，为全天第十二亮星，颜色为白色（表面温度高达 8 250℃）。在日本，天琴座的织女星和河鼓二被称为"织姬星与彦星"[1]，西方称为 Vega 和 Altair，意为"掉落之鹰"和"展翅之鹰"。河鼓二自转周期极短，仅 7 小时便自转一周（太阳自转周期为 25.38 天），速度约为 200 千米 / 秒，因此它看上去是一个扁平的球体（因为赤道比两极膨胀 14%）。河鼓二直径为太阳的 1.9 倍，实际明亮程度约为太阳的 11 倍，距离地球 17 光年。

1　织姬星与彦星，即中国所说的"织女星"和"牛郎星"。

河鼓二

织女星

织女星

织女星
Vega

    天琴座的织女星视星等 0.0 等，为全天第五亮星，颜色为白色，距离地球 25 光年，是夏季星座中最明亮的星。织女星十分重要，它是全天唯一的"标准星"，所有星星的亮度都是以织女星的亮度为基准制定的。因地球的岁差运动（周期为 25 800 年的摇摆运动），一万二千年后，织女星将成为新的北极星，在正北天空闪耀。

毕宿五

Aldebaran

　　金牛座的毕宿五视星等 0.8 等，为全天第十三亮星（天鹰座的河鼓二、南十字座的十字架三视星等也为 0.8 等），是一颗橙色巨星，位于金牛的眼部位置。毕宿五的直径约为太阳的 50 倍，质量约为太阳的 25 倍，因星体外层广阔且不稳定，其亮度在 0.75 等至 0.95 等之间不规则变化。毕宿五大气层稀薄，大气层的范围为太阳系的 3 倍，人们甚至发现其外层还有一个低温气体和尘埃形成的外壳。距离地球 67 光年。

心宿二

Antares

天蝎座的心宿二视星等 1.0 等，为全天第十六亮的红色
星体。宫泽贤治曾在《巡星之歌》中将它吟唱为"天蝎的红
眼睛"。心宿二的直径约为太阳的 700 倍，它和猎户座的参宿
四一样都是红超巨星。此外它与金牛座的毕宿五一样，极不
稳定，被气体和尘埃形成的外壳包围，其外侧甚至还存在巨
大的星云。心宿二最终会发生超新星爆炸，其影响将波及地
球。距离地球 553 光年。

十字架二

Acrux

南十字座的十字架二视星等 0.8 等，为全天第十四亮星（天鹰座的河鼓二、金牛座的毕宿五也为 0.8 等），散发着蓝白色光芒。两颗 1 等星和 2 等星、3 等星描绘出了一个美丽的十字。十字架二是南十字座的 α 星，而南十字座被视为南天星空的标志。十字架二在 1 等星中位于天空最南端，距离地球 324 光年。

十字架三

Becrux

南十字座的十字架三视星等 1.3 等，为全天第十九亮的蓝白色巨星。它和另一颗 1 等星十字架二在南天的夜空中描绘出了一个美丽的十字。有两颗 1 等星的星座除了南十字座，只有猎户座和半人马座。南天没有"南极星"，所以南十字座是南天最显眼的标志。十字架三的质量达到太阳的 14 倍，星体寿命所剩无几。距离地球 279 光年。

十字架一

Gacrux

十字架三

十字架一

十字架二

　　南十字座的 γ 星，视星等 1.6 等，名为十字架一，是一颗明亮的 2 等星。南十字座有十字架三、十字架二两颗 1 等星。该星座在夜空中状似美丽的十字架，也正是因为形状易辨认，所以成了南天的标志。十字架的另一端是一颗 3 等星。距离地球 89 光年。

天津四

天津四
Deneb

　　天鹅座的天津四视星等 1.3 等，为全天第二十亮的纯白色巨星。Deneb 在阿拉伯语中意为"雌鸟之尾"。它和天鹅座其他四颗星仿佛展开的羽翼，组成一个十字形，因此也被称为"北十字星"。天津四的直径约为太阳的 200 倍，质量约为太阳的 20 倍，表面温度超过 10 000℃。它与地球相距 1 424 光年，极其遥远，其实际亮度是太阳的 10 万倍，在夜空群星中最为明亮。而且它还是银河系为数不多的超巨星，氢已燃烧殆尽，靠燃烧氦发光，预计在 200 万年内会发生超新星爆炸。

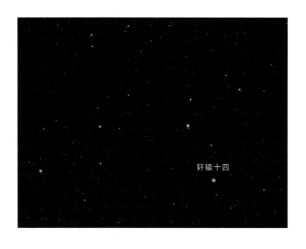

轩辕十四

轩辕十四

Regulus

　　狮子座的轩辕十四视星等 1.3 等，为全天第二十一亮的白色星体，哥白尼为它取名 "Regulus"（小国王），罗马时代人们称之为 "狮子的心脏"。轩辕十四在 1 等星中属于较暗的星星，而实际上它的直径为太阳的 3.8 倍，表面温度 13 000℃，散发的光芒是太阳的 330 倍。轩辕十四自转速度很快（330 千米 / 秒），呈赤道位置膨胀的旋转椭圆体状。轩辕十四是双星，有一颗 8 等星的伴星，属于位于黄道上的皇家星之一。距离地球 79 光年。

北极星

北极星

Polaris

　　小熊座 α 星北极星视星等 2.0 等，
是 2 等星中最有名的星星。它在日本
还有"北方的一颗星""心之星""子
之星""方位星"等各种名称，为人们
所熟知。北极星现与天空正北极偏移
约 1 度，直径为太阳的 46 倍，散发的
光芒是太阳的 2 200 倍。有一颗小小的
伴星。距离地球 433 光年。

北落师门
Fomalhaut

　　南鱼座的北落师门视星等 1.2 等，为全天第十八亮的白色星星。直径为太阳的 1.9 倍，表面温度 9 300℃。北落师门是黄道（太阳公转轨道）上的四颗 1 等星之一，被称为"皇家星"，剩下的三颗分别为狮子座的轩辕十四、天蝎座的心宿二及金牛座的毕宿五。1983 年，红外线观测卫星 RAS 发现这颗星星周围存在圆盘状尘埃云，这种圆盘状尘埃云在天琴座的织女星周围也有发现。而存在这样的圆盘状尘埃云就意味着近处存在行星。距离地球 25 光年。

大犬座 ε 星
Epsilon Canis Majoris

　　大犬座的 ε 星视星等 1.5 等，在 2 等星中是最明亮的星星——视星等处于 1.5 等至 2.4 等被划为 2 等星。大犬座的 α 星天狼星因是全天最亮的星星而享誉盛名，而 ε 星与一等星的亮度相差仅 0.1 等，却连名字都没有取，也没有话题度，是一颗凄凉的星星。距离地球 405 光年。

蒭藁增二

chú gǎo

Mira

　　鲸鱼座 o 星蒭藁增二名为"Mira"（意为不可思议），视星等 2.0 等，因为是人类首次发现的变光星而知名。变光周期为 332 天，亮度在 2 等到 10 等之间变化。变光是因为其反复收缩与膨胀。当它剧烈膨胀时，亮度会达到太阳的 700 倍。鲸鱼座的 τ 星（视星等 3.5 等）也是十分有名的变光星，因为距离地球很近，仅 12 光年，所以成为人类尝试接收地外文明信号的"奥兹玛计划"的目标。

猎户座 γ 星

Gamma Orionis

　　猎户座 γ 星视星等 1.6 等，ε 星视星等 1.7 等，ξ 星视星等 1.8 等，均为明亮的 2 等星，亮度接近 1 等星。猎户座还有 α 星（参宿四，视星等 0.4 等）和 β 星（参宿七，视星等 0.1 等）两颗明亮的 1 等星。因此，猎户座无疑是全天最易观测到的星座。γ 星距离地球 252 光年，ε 星距离地球 1 977 光年，ξ 星距离地球 735 光年。

北河二

Castor

双子座 α 星北河二视星等 1.6 等。虽然肉眼只能看到一颗星，但北河二其实是双星，由一颗视星等 2.0 等的 A 星和一颗视星等 2.9 等的 B 星构成。而 A 星和 B 星也都是双星，这四颗星星附近还有一颗同为双星的 C 星，这三对非常接近的双星就是互相影响的六连星。如果北河二的行星上有人居住，就会看到有六个太阳连续不断地围绕旋转，那么天空也会变得异常热闹了吧。距离地球 51 光年。

北河三

Pollux

双子座 β 星北河三视星等 1.1 等，为全天第十七亮的橙色星体。直径为太阳的 8.3 倍，实际明亮程度为太阳的 32 倍。北河三的英文名 Pollux（波拉克斯），在希腊神话中是一个拥有不死之身的拳击能手，他为哥哥——骑马能手卡斯托耳报仇后升上天空成为星星，距离地球 34 光年。卡斯托耳视星等 1.6 等，距离地球 51 光年。从地球上看，位于天空略深之处，较暗，这也许是因为他想回避为自己报仇的弟弟。

北河三

北河二

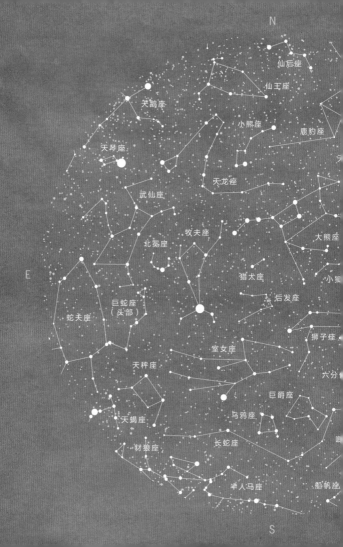

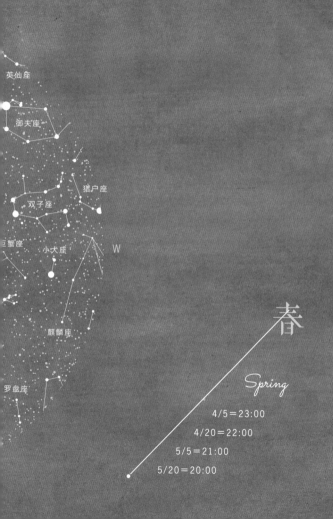

英仙座

御夫座

猎户座

双子座

巨蟹座

小犬座

W

麒麟座

罗盘座

春

Spring

4/5＝23：00
4/20＝22：00
5/5＝21：00
5/20＝20：00

大熊座
Ursa Major

　　大熊座是春季的代表性星座之一，全年位于北方天空。是一个帮助人辨别方向的星座，同时也是寻找北极星的重要标志物。勺子状的北斗七星位于大熊的背部到尾部之间。北斗七星中，六颗为 2 等星，只有一颗是 3 等星，其中还包括肉眼可观测的双星（勺子柄端的第二颗星，大熊座 ς 和大熊座 80）。全世界有很多关于北斗七星的故事。它们在俄罗斯民间故事中是勺子，在中国神话中是掌管生死的神仙，在美洲印第安人的民间故事中是一只熊和三名猎人，在日本民间故事中则被比作一把剑。另外，因为它们状似马车、人力车，所以多被称为"车"。在古巴比伦是"货车"，在斯堪的纳维亚半岛是"奥丁[1]车"，在中国是"帝王之车"，在英国是"亚瑟王之车"。在古希腊神话中，包括北斗七星在内的约二百颗星星一起被比作大熊。这只熊原本是一位美丽的仙女，她是森林与泉水的精灵卡利斯托，为什么这位美丽的仙女会变成大熊座呢？我们将在小熊座的故事中介绍。

1　奥丁：古代条顿族的神，北欧神话中的最高神。

大熊座ζ和
大熊座 80

小熊座

Ursa Minor

　　在春季夜晚的北方天空高处，人们会在北斗七星旁看到一个和北斗七星非常相似的小勺子，那就是包含北极星的小熊座。小熊座全年都可观测，因此它在辨别方向时是十分重要的星座。在日本，北极星还被称为"北方的一颗星""心之星""子之星""方位星"等。不过，因为地球的自转轴在进行缓慢的小圆周运动，所以代表正北方向的星星也会更迭。八千年后，北极星可能会变成天鹅座的1等星天津四，一万二千年后则可能会变成天琴座的1等星织女星。

　　在古希腊神话中，森林与泉水的精灵卡利斯托本是狩猎与月亮女神阿尔忒弥斯的侍女，因被众神之王宙斯玷污产下一子。阿尔忒弥斯十分恼怒，放逐了卡利斯托。宙斯之妻赫拉出于嫉妒将卡利斯托变成了熊的模样。十五年后，卡利斯托之子阿卡斯成为一名优秀的猎人。有一天，阿卡斯在森林里遇见了变成熊的母亲，卡利斯托想拥抱一下儿子，便向他奔去，但阿卡斯并不知道这只熊就是自己的生母，欲向熊射箭。宙斯看到这幅情景便将阿卡斯也变成了熊的模样（小熊座），让他和卡利斯托（大熊座）一起升上了天空。

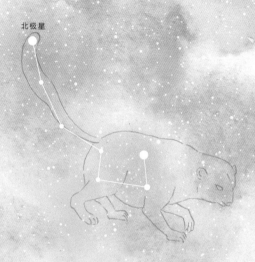

北极星

巨蟹座

Cancer

　　巨蟹座是黄道十二星座的第四座。虽然它是十二星座中最暗的星座，但因为地处黄道之上，早在五千年前就为古巴比伦人所知。初春夜晚，在双子座 1 等星北河二、北河三以及狮子座 1 等星轩辕十四的中间点附近能看到微弱的浅色光芒（Praesepe 星团，即鬼星团）。Praesepe 是拉丁语，意为饲料桶），就是蟹壳部分。在古希腊神话中登场的蟹，指的是大英雄赫拉克勒斯驱除蛇怪时出现的蟹怪。前往驱除蛇怪（九头蛇，长蛇座）的赫拉克勒斯轻轻松松将前来援助蛇怪的蟹怪一脚踩碎。赫拉克勒斯是众神之王宙斯和阿尔克墨涅之子。宙斯的妻子女神赫拉对此颇为嫉妒，十分憎恶赫拉克勒斯，想杀死他，于是安排他去驱除蛇怪。虽然最终蛇怪和蟹怪败于赫拉克勒斯之手，但赫拉念在它们是因自己的命令而死，为表哀悼，将它们升上天空变成了星座。

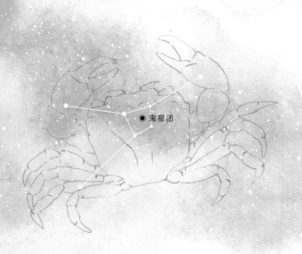

鬼星团

狮子座

Leo

狮子座是黄道十二星座的第五座。在春季的南边天空可观测到完整的狮子座。狮子座共有 1 等星轩辕十四等 21 颗 4 等星以上的星星。其中蓝白色的轩辕十四由哥白尼命名，英文名 Regulus，意为"小国王"。狮子座的头部呈一个左右翻转的问号，被称为"狮子的大镰刀"，为人们所熟知。日本有些地方也称之为"樋玄星"。2 等星五帝座一（阿拉伯语意为"狮子的尾巴"）位于狮子尾部，它和牧夫座的 1 等星大角星、室女座的 1 等星角宿一相联结形成"春季大三角"，是春季观测星座时不可或缺的标记。提起狮子座，不得不提"狮子座流星雨"。每年 11 月可观测到，每 33 年会出现一次大面积流星雨。1833 年发生大面积流星雨时，因为数量过多，当时的美国人甚至哭叫道"世界起火了"（一晚上约有 24 万颗流星）。在古希腊神话中，狮子也是作为赫拉克勒斯的对手登场的。大英雄赫拉克勒斯接到十二个艰巨的任务，第一个便是制服尼密阿森林中残暴的狮子。他用棍棒击中拥有不死之身的狮子以后，又用自己引以为傲的怪力将其绞杀。从此之后，狮子的皮毛便成了赫拉克勒斯的象征。

五帝座一

轩辕十四

长蛇座
Hydra

　　春季到夏季一直横亘于南边天空的巨大星座便是长蛇座。长蛇座自巨蟹座起，经狮子座、室女座，一直延续到天秤座。蛇头到蛇尾跨度超过 100 度（实际上占天球圆周的四分之一）。蛇头位于上中天，尾部则隐于地平线之下。最显眼的是由六颗星星组成的蛇头，它张开血盆大口，恍若要吞噬小犬座的 1 等星南河三。长蛇的心脏处闪着红色光芒的是 2 等星星宿一。星宿一十分活跃，仿佛在怦怦跳动，被喻为心脏最合适不过。在希腊神话中，这条长蛇是九头蛇怪。在赫拉克勒斯接到的十二个艰巨任务中第二个登场。九头蛇怪的蛇头无论砍掉多少次都会重新生长出来。一筹莫展的赫拉克勒斯听取了侄子伊俄拉俄斯的建议，每砍掉一个头就用火烧伤口。当他砍下最后一个不死蛇头后，将其埋到了巨大的岩石之下。这就是为什么长蛇座只有一个蛇头。那么，这条蛇为什么会变成星座呢？我们在巨蟹座的故事中讲述了原因。

星宿一

巨爵座

Crater

　　巨爵座位于长蛇座、狮子座和室女座中间，既小又不显眼，或许可以在四颗星星构成的乌鸦座四边形旁边找到它。巨爵即酒杯，说起酒杯，一般人会联想到用于喝水和啤酒的玻璃杯。但这里的"巨爵"带有希腊风格的把手，还有台座，是一个十分华丽的奖杯（运动竞技优胜者获得的奖杯）。在古希腊，杯子在人们日常生活中的使用极其频繁，因此有关这个星座留下了很多传说，酒杯的主人各不相同。第一个故事是关于酒神狄俄尼索斯（巴克斯）的，他将这只酒杯用作酿酒的钵；第二个故事讲的是太阳神阿波罗被撒谎的乌鸦激怒，于是用这只酒杯诱骗乌鸦，并将乌鸦和酒杯一同放逐至星空；第三个故事里这个酒杯是女巫美狄亚为实施返老还童的法术而使用的釜；其他还有传说这个酒杯归大英雄赫拉克勒斯所有，等等。

乌鸦座

Corvus

从春季到初夏，长蛇座横卧于夜晚的南边天空中，自东向西慢慢移动，六分仪座、巨爵座和乌鸦座三个星座均位于长蛇背部。人们可能无法轻易找到六分仪座和巨爵座，但乌鸦座很显眼——四颗 3 等星组成了一个略歪斜的四边形。这个四边形对日本人来说似乎很容易看到，各地流传有"四星""扬帆星""裤星""貉皮星"等多个名称。在希腊神话中，乌鸦作为太阳神阿波罗的使者登场，这只乌鸦有银白色的羽毛，通人言。只是它虽然聪明伶俐，但习惯说谎，有如玉中存瑕。那时，阿波罗和忒撒利国王的女儿科洛尼斯相爱，但阿波罗十分繁忙，总是见不到科洛尼斯，于是就派遣乌鸦作为使者传信。有一天，乌鸦途中有事耽搁了，却强言狡辩，谎称科洛尼斯出轨。狂怒的阿波罗杀死了科洛尼斯，但之后他发现出轨之事并非事实，纯属乌鸦杜撰。于是阿波罗将乌鸦的羽毛变成了黑色，同时收回了它说人话的能力，并将其放逐至天空。

牧夫座

Boötes

　　夏至将至之时，牧夫座大致位于天顶处，细长的五角星部分是牧夫的躯干。他高举手臂，手中拉着两只猎犬，恰好位于其胯间的橙色星星是 1 等星大角星。大角星在日本别名麦星，因在麦秋时节在天空中闪耀而得名。没人知道这个手拿棍棒又牵着猎犬的牧夫究竟是谁。有一个传说是关于变成熊的母亲和不知道这个事实追赶熊的阿卡斯（小熊座）的，不过在这里，我们来讲讲支撑天空的巨人阿特拉斯的故事吧。勇士赫拉克勒斯受命前往极西方盗取赫斯帕里得斯花园中的金苹果，而支撑天空的巨人阿特拉斯正是看守苹果树的三姐妹之父。赫拉克勒斯与阿特拉斯商量，由他代替阿特拉斯支撑天空，阿特拉斯去为他摘取金苹果。阿特拉斯受宙斯之命支撑天空，早已经厌烦，他顺利拿到金苹果返回后，不想再去支撑天空。于是赫拉克勒斯对他说："我撑得肩痛难忍，你能示范给我看看，怎样支撑会比较轻松吗？"待两人交换位置之后，赫拉克勒斯就带着苹果欣然离去。

大角星

猎犬座

Canes Venatici

　　若说春季的夜空中能看到什么，那必然是北方天空中存在感极强的北斗七星。约翰·赫维利斯（出生于波兰的格但斯克，17世纪天文学家）将牧夫牵着的猎犬从北斗七星所在的大熊座独立出来，因此猎犬座位于北斗七星和牧夫座1等星大角星之间。这两只猎犬，北边的叫Asterion（中文称常陈四），南边的叫Chara，它们在天空中的样子就像和牧夫一起在追赶大熊。猎犬座的α星常陈一虽然是一颗3等星，但因为附近没有明亮的星星，因此令人印象颇为深刻。这颗星星是双星，包含视星等2.9等和5.6等两颗星。牧夫座1等星大角星、室女座1等星角宿一、狮子座2等星五帝座一构成的三角形被称为"春季大三角"，它们与常陈一构成的四边形则被称为"春季大钻石"。另外，北斗七星、大角星、角宿一之间连接的曲线被称为"春季大曲线"，是观测星座的重要线索。

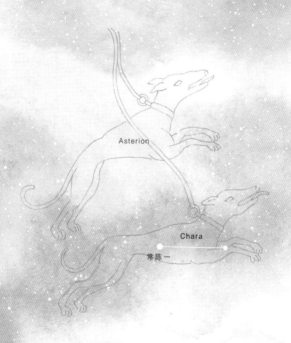

Asterion

Chara

常陈一

后发座

Coma Berenices

　　猎犬座 3 等星常陈一和狮子座 2 等星五帝座一中间，有一块春天彩霞般的微光星团。这些由恒星集合而成的星团被称为疏散星团。这个疏散星团就是后发座，大约聚集了 40 颗恒星，这样的星座非常罕见。人们自古便知晓后发座（公元前 3 世纪时被称为"行善举的贝勒尼基的头发"），但这个星座并不包含在克罗狄斯·托勒密划定的 48 个星座之内，让它重生的是被誉为近代星座之父的丹麦天文学家第谷·布拉赫（出生于 1546 年）。公元前 3 世纪，埃及的统治者是被誉为"善行王"的托勒密三世，他的妻子贝勒尼基有一头美丽的头发。有一次，埃及在与叙利亚的战争中处于劣势，托勒密三世便亲自挂帅出征，贝勒尼基十分不安，遂前往阿佛洛狄忒的神殿参拜，起誓愿意献上引以为豪的秀发换取丈夫的胜利。后来托勒密三世得胜回国，而本应供奉于祭坛上的头发却无声无息地消失了。原来是众神之王宙斯十分欣赏贝勒尼基的秀发，便召至天上使其成为星座。

室女座

Virgo

　　室女座是黄道十二星座的第六座，为全天第二大星座。晚春到初夏时节，可以在南边天空观测到它。沿着和北斗七星相连形成的"春季大曲线"就能发现散发着白光的 1 等星角宿一，角宿一刚好位于女神手中所握麦穗的前端，在日本有"珍珠星"的美称。但室女座除了角宿一外并无显眼的星星，所以要在星空中想象女神的姿态并非易事。室女座的这位女神是谁，众说纷纭，一说是正义女神艾斯特莱雅，我们在天秤座的故事中细说。另一说是农业女神德墨忒尔之女珀耳塞福涅。冥王哈迪斯对珀耳塞福涅一见钟情，于是将在田野上玩耍的珀耳塞福涅掠去了冥界。德墨忒尔绝望至极，到处寻找女儿。没有了农业女神的大地终年为冬，毫无收成。于是宙斯出面协调，命令珀耳塞福涅一年中九个月陪伴母亲，三个月在冥界与哈迪斯生活，所以一年中有三个月是冬季。

角宿一

半人马座

Centaurus

　　春季至初夏时节，半人马座会在南边地平线上显露身影。它位于室女座 1 等星角宿一的正南方。如果在东京附近观测半人马座，只能看见一半，但在冲绳以南能大致看清全貌。半人马座有两颗 1 等星（南门二和马腹一），除它以外，一个星座有两颗 1 等星的只有猎户座和南十字座，因此半人马座是十分罕见的星座。在希腊神话中，半人马族多以暴力者的形象登场，只有射手座的喀戎和半人马座的弗洛是贤者和老实人。弗洛是酒神狄俄尼索斯的养父西莱诺斯之子。有一次，他和赫拉克勒斯一起品尝狄俄尼索斯赠予的美酒。这时，半人马族寻着美酒香气前来并袭击了两人。赫拉克勒斯十分生气，便从九头蛇（长蛇座）的血液中提取了剧毒涂于箭头上，瞬间将对方击溃，但弗洛偶然间捡到了掉落的箭并触碰到剧毒，中毒死去。宙斯为表哀悼，将弗洛召至天上成为星座。

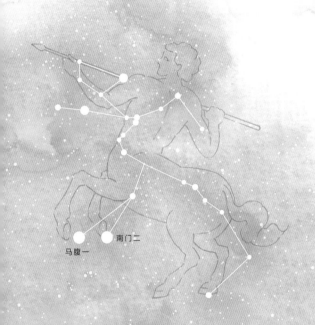

马腹一　南门二

天猫座

Lynx

　　春季，在天顶偏北处、大熊座旁的便是天猫座。天猫座最
明亮的星也仅为 3 等星，其他星星更暗，是一个毫不起眼的、
朴素的星座。这个星座由波兰天文学家赫维利斯划定，他曾写
道："要看到这个星座，必须有像山猫那样锐利的眼睛。"天猫
座最初的名称为"天猫或虎座"，但赫维利斯描绘的星座图看
上去怎么都不像老虎，因此就被简称为"天猫座"。

势四

小狮座
Leo Minor

初春时节的东边天空中，在狮子座和大熊座之间可以看到一个小小的星座，那就是小狮座。它和天猫座一样，是由波兰天文学家赫维利斯在 17 世纪新设的星座，所有星星均为 4 等星以下。这个星座又暗又不起眼，因此要在夜空中找到一只小狮子的样子可谓不易。赫维利斯将这个星座中最亮的 4 等星命名为势四（Praecipua，拉丁语意为"主要之物"），不过这稍显随意，因此并未定名。

六分仪座

Sextans

　　六分仪座位于狮子座 1 等星轩辕十四和长蛇座 2 等星星宿
一之间，也是波兰天文学家赫维利斯新设的十大星座（现存七
个）之一，但十分渺小，毫不起眼，因此无法同其他星座相提
并论（六分仪座的所有星星均为 4 等星以下）。六分仪是观测
天体、航海、测量的工具。据说赫维利斯的家遭遇火灾时，他
喜爱的六分仪也不幸被烧毁。为了避免再次受灾，他便将六分
仪放置于勇猛的狮子和长蛇之间，让它们守护。

唧筒座

Antlia

　　春季时，可在南边地平线附近、长蛇座南侧观测到唧筒座。这里的"唧筒"并不是用来吸水的工具，而是用于科学实验的真空管。18世纪中期，法国天文学家拉卡伊将唧筒座划为他新设的14个星座之一。拉卡伊是当时少数亲自去往南半球进行天体观测的天文学家之一。唧筒座只有4等星以下的星星，都散发着淡淡的光芒，无论是寻找它们还是想象唧筒的样子都比较困难。

豺狼座

Lupus

　　豺狼座与其说是春季的星座，不如说是初夏的星座。由于在日本只能在地平线附近观测到，所以豺狼座对于日本人来说较为陌生。若是在东京，即便是在最佳观测期7月，也仅能观测到其在地平线之上的三分之二。从文艺复兴时期开始，豺狼座就被视为死于半人半马族矛下的狼，它原本是半人马座的一部分。另有传说，因为以人肉祭神惹怒了众神之王宙斯，阿卡狄亚国王吕卡翁一族都被宙斯变成了狼。

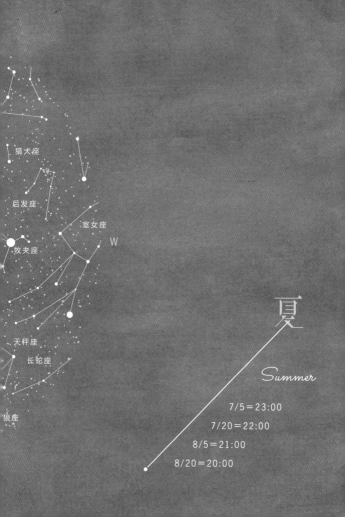

猎犬座

后发座

室女座

W

牧夫座

天秤座

长蛇座

狼座

夏

Summer

7/5＝23:00

7/20＝22:00

8/5＝21:00

8/20＝20:00

天蝎座

Scorpius

天蝎座是黄道十二星座中的第八座，它在夏季的南边天空中呈一个巨大的 S 形，是最容易找到的星座之一。在天蝎心脏处、闪耀着红色光芒的 1 等星名为心宿二，自古便备受瞩目，是一颗令人印象深刻的星星。中国称为"大火"，在日本则有"赤星""醉酒星"等名称。心宿二的英文名是 Antares，来源于 Anti 和 Ares（希腊神话中的战神，对应罗马神话中的玛尔斯）两个词。天蝎座的 S 形与鱼钩十分相似，因此在濑户内海地区也有"钓鱼星""钓鲷星"之称。猎人奥利安是海神波塞冬之子，他对自己强大的力量倍感自豪，经常大言不惭地表示"本神天下第一"。众神之王宙斯的妻子赫拉十分厌恶奥利安的吹嘘，派出一只有剧毒的蝎子在草丛里伏击他。健壮如奥利安也抵挡不住蝎子的巨毒，瞬间气绝。这只蝎子因功升空成为天蝎座。虽然奥利安后来也升空成了猎户座，但他至今依然害怕蝎子，所以当天蝎座升入夜空时，猎户座就会偷偷摸摸地隐藏到地平线之下。

心宿二

射手座

Sagittarius

射手座是黄道十二星座的第九座,位于银河最明亮、最宽广之地。可于夏季到初秋在南边天空中观测到它。射手座的中心是名为南斗六星的六颗星星,它们还有个别称叫"勺子",表示其可用于舀取银河中的乳汁(对应银河的英文名 Milky Way)。射手座由半人马族的贤者喀戎幻化而成,喀戎是宙斯之父克洛诺斯的其中一个儿子。他师从音乐之神阿波罗和月亮女神阿尔忒弥斯,向他们学习音乐、医学、预言、狩猎等知识与技术,后来在皮力温山洞中教授希腊年轻的英雄们,他的学生有赫拉克勒斯(武仙座)、卡斯托耳和波拉克斯(双子座)、伊阿宋、阿斯克勒庇俄斯(蛇夫座)。有一天,被赫拉克勒斯追赶的半人马族逃入了喀戎的山洞,赫拉克勒斯不知道喀戎也在洞中,便射出了涂有九头蛇蛇毒的箭。喀戎虽拥有不死之身,但还是因此毒受尽折磨,求死不得。最终,难耐疼痛的喀戎将不死之身的神力让给普罗米修斯,然后死去。

天秤座

Libra

　　天秤座是黄道十二星座的第七座。初夏刚入夜时，可在南边天空中室女座的角宿一和天蝎座的心宿二的中间位置看到它，三颗3等星排列呈左右相反的"く"形。又因状似天蝎的爪子，从前也被称为"南爪""北爪"等。秋分点曾位于该星座（如今的秋分点正向室女座移动），昼夜平分也是天秤座这个名称的由来之一。在希腊神话中，天秤属于正义女神艾斯特莱雅。黄金时代[1]，人们不受拘束，生活得很幸福。到了白银时代，开始有了贫富差距，就如寒冬降临大地一般，人们开始有了斗争，诸神纷纷回到天界，只有艾斯特莱雅继续留在人间主持正义。每当人们发生争议时，她就用天秤来衡量正邪。到了青铜时代、黑铁时代，人们渐渐变得野蛮，甚至开始杀人、打仗。至此，艾斯特莱雅也放弃了人间，升上天空成为星座（室女座）。衡量正邪的天秤也升天成为星座。

1　黄金时代：古希腊人将人类的历史分为黄金、白银、青铜、英雄、黑铁五个时期，黄金时代为第一时期。

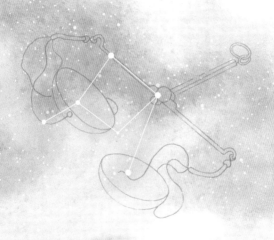

北冕座

Corona Borealis

　　7 月中旬，在天顶附近、牧夫座旁边可以观测到一个小小的星座，那就是北冕座。七颗星星勾勒出一个美丽的半圆形，它可能是最容易找到的星座之一。北冕座在日本还有"鬼之釜""长者之釜""地狱之灶""太鼓星""项链星"等别称，在澳大利亚则被称为"飞镖"，在波斯语中被称为"乞讨盘"（比喻有缘分的盘子）。在希腊神话中，雅典王子忒修斯借助克里特岛公主阿里阿德涅的手纺车，成功消灭了迷宫中的牛头人身怪物弥诺陶洛斯。忒修斯迎娶阿里阿德涅为妻，在前往雅典的途中，他们在酒和丰穰之神狄俄尼索斯居住的那克索斯岛停留休憩。忒修斯在这里做了个梦，在梦中雅典娜女神现身并告诉他，"你若娶阿里阿德涅为妻，必遭灾祸。"于是第二天一早，忒修斯把阿里阿德涅留在了岛上，慌慌张张地独自乘船离开了。伤心的阿里阿德涅欲自杀，狄俄尼索斯安慰了她并娶她为妻。作为爱情的见证，狄俄尼索斯赠予新娘镶有七颗宝石的皇冠。这个皇冠升上天空成为北冕座。这个星座的 α 星叫贯索四，英文名 Gemma，意为"宝石"。

贯索四

武仙座
Hercules

武仙座在星空中描绘的是大英雄赫拉克勒斯的模样（Hercules 正是赫拉克勒斯的拉丁语），可于盛夏时节在天顶附近观测到。虽然它是全天第五大星座，但所有星星均为 3 等星以下的暗星。赫拉克勒斯在希腊神话中是八面威风的大英雄，神勇无比，但武仙座作为代表赫拉克勒斯的星座却有些孤寂。赫拉克勒斯是众神之王宙斯和阿尔戈斯公主阿尔克墨涅的儿子，宙斯的妻子赫拉诅咒他的出生，让他经历各种苦难。赫拉克勒斯还在褓褓中时，就徒手抓住了赫拉派去咬他的毒蛇，因此逃过一劫。但因为赫拉用神力令他狂躁，致使他成年后毫无缘由地杀害妻儿，并将他们投入火中，犯下滔天大罪。为了赎罪，他需要服从阿尔戈斯国王、同时也是他堂弟欧律斯透斯的命令。欧律斯透斯给他出了十二个难题，包括制服狮子（狮子座）、蛇怪（长蛇座）、野猪等。最终，赫拉克勒斯死于半人马族涅索斯临终之际撒的一个谎。涅索斯欺骗赫拉克勒斯的妻子得伊阿尼拉，称他的血液是"防止外遇的秘药"，所以得伊阿尼拉在赫拉克勒斯的衬衣上涂抹了他的血液，但他的血液其实含有九头蛇的剧毒，最后毒死了大英雄赫拉克勒斯。

天琴座

Lyra

夏季刚入夜时，天琴座会出现在银河之畔，浮现于天顶，它和天蝎座一样是夏季的代表性星座。该星座的标志是 1 等星织女星，织女星是夏季夜空中最明亮的一颗星。织女星在欧洲被人们称为"夜空的弧光灯""夏夜的女王星"，广为人知。在日本，应该没有人不知道织女星和七夕传说吧？在希腊神话中，天琴是音乐之神阿波罗赠予七弦琴演奏家俄尔甫斯的礼物。有一天，俄尔甫斯的妻子欧律狄克被毒蛇咬伤身亡，深爱妻子的俄尔甫斯为了找回妻子而踏入冥界。俄尔甫斯弹奏七弦琴唱着歌，他的琴声打动了冥河上的艄公卡伦、冥府入口的看门犬塞尔伯拉斯，甚至亡灵们。最后他终于来到了冥王哈迪斯的面前。哈迪斯和冥后珀耳塞福涅也被他感人至深的歌声打动，准许他带妻子返回人间。但有个条件是"回到人间之前绝对不能回头"。二人一前一后快要回到人间的时候，俄尔甫斯身处黑暗中的不安到达顶点，不经意间回过了头，打破了与哈迪斯的约定，结果他的妻子再也无法重返人间。

织女星

天鹰座

Aquila

　　夏季刚入夜时，银河横卧于头顶，在银河东岸与天琴座相对的便是天鹰座。在欧洲，人们称天鹰座为"展翅之鹰"，称天琴座为"掉落之鹰"。天鹰座的标志是1等星河鼓二，在日本被称为彦星（牛郎星）。传闻牛郎和织女由于太恩爱而荒废了织布耕作，触怒了天帝，被罚每年只能在七月七日晚相会一次，这就是七夕的传说。公历七月七日正值梅雨最盛时，此时织女星和牛郎星都位于天空的低处。因此七夕指的是阴历七月七日，那时，织女星和牛郎星都在头顶的夜空中闪耀。老鹰在很多希腊神话中都有登场，能在天空中自由翱翔的鸟儿应该很容易和天上的各路神仙结识吧。比如有一个传说，特洛伊有一个美少年名叫甘尼美提斯，他的美貌甚至惊动了天界。众神之王宙斯想把这个少年带到奥林匹斯山的宫殿里，让他在众神的宴席上担任侍者，就变成老鹰的样子去人间拐带他。作为回报，宙斯许给甘尼美提斯永恒的年轻貌美。那时宙斯幻化的老鹰就变成了天鹰座。

河鼓二

天鹅座

　　从夏季到秋季，在天顶附近可以观测到天鹅座。以在天鹅尾部闪耀的 1 等星天津四（Deneb，意为"尾巴"）为起点，勾勒出一个美丽的十字。对应南半球的南十字星，天鹅座被人们称为北十字星（"基督的十字架""各各他 [1] 的十字架"）。到了 12 月的夜晚，这个十字架会笔直地出现在西北边的天空。宫泽贤治的《银河铁道之夜》讲的就是从天鹅座出发，前往遥远的南十字星旅行的故事。希腊神话中也有很多相关传说，流传最广的是众神之王宙斯为了追求斯巴达王后勒达而化作天鹅的故事。传说宙斯对勒达一见钟情，于是向爱与美的女神阿佛洛狄忒求教怎样才能得到勒达的芳心。勒达深爱着她的丈夫，自然不会同意。于是阿佛洛狄忒化作了一只老鹰，而宙斯化作被老鹰追赶的天鹅逃入了勒达怀中。怜惜天鹅的勒达将天鹅紧紧抱在胸前，天鹅离去后，勒达怀孕了，随后产下两枚巨大的蛋。一枚蛋孵出了卡斯托耳和波拉克斯（双子座），另一枚蛋则孵出了引发特洛伊战争的美女海伦和克吕泰墨斯特拉。

1　各各他：耶稣被钉于十字架而死的耶路撒冷郊外的小丘。

天津四

蛇夫座

Ophiuchus

　　夏季夜晚最闪耀的就是银河的光芒。此外，天琴座的织女星、天鹰座的河鼓二和天鹅座的天津四组成的夏季大三角也十分美丽。但如果看向银河西边，人们或许会觉得浩瀚的夜空有许寂寥。那里横卧着巨大的蛇夫座。蛇夫座作为黄道第十三个星座，近年来备受瞩目。像将棋棋子一样的五角形是蛇夫的头和躯干，头部闪耀的是 2 等星"侯"，与武仙座头部的"帝王之车"相对。因为蛇会反复蜕皮，所以这个星座象征着重生和医术。蛇夫指的是医神阿斯克勒庇俄斯，他由半人马族的贤者喀戎抚养长大并学习医术，成为希腊神话中的第一名医。只是他精湛的医术甚至能令人起死回生，这一点令冥王哈德斯十分苦恼。哈德斯对众神之王宙斯说："这样下去会扰乱世间秩序，人间会人口泛滥的。"于是宙斯射出雷电之箭射死了阿斯克勒庇俄斯，后又怜其死，将他召至天空成为星座。

侯

天龙座

天龙座位于北极星附近，在北边天空中全年可见，永远位于地平线之上，呈蜿蜒曲折的 S 形。它是一个巨大的星座，龙头部分由四颗星构成。其 α 星右枢（3 等星）在埃及建金字塔的年代最接近北极，是当时的北极星。这条龙在希腊神话中守护着极西方赫斯帕里得斯果园中的金苹果，据说它有一百个头，虽然被阿特拉斯骗走了金苹果，但宙斯的妻子赫拉念其长年功绩将其召至天上成为星座。

狐狸座
Vulpecula

狐狸座位于天鹅座南侧，天箭座北侧，是一个长条形的星座。几颗星星描绘出了平缓的波浪形，人们可以想象出一只狐狸藏匿其中。然而，这个星座中最明亮的星星也只有 4.5 等，基本上是个毫不起眼的星座。这个星座由赫维利斯设立，当初他将这个星座命名为"衔着鹅的狐狸座"，只是不知从何时起，"鹅"从星座名称中消失不见。这虽然是个朴素的星座，却因有被称为"哑铃星云"的行星状星云 M27 而为人所熟知。

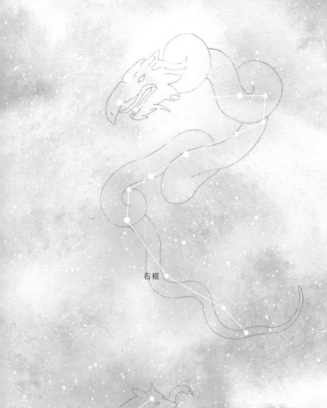

右枢

哑铃星云（M27）

天箭座

　　在夏季夜晚东边天空的银河中可以观测到天箭座。天箭座是全天第三小星座，但它不仅有 4 等星和 5 等星，而且四颗星星清清楚楚地描绘出"一"字形，是个非常容易辨认的星座。从古时候起，希腊、腓尼基、阿拉伯半岛等地似乎都将其看作"弓箭"。它在希腊神话中是爱神厄洛斯之物。厄洛斯是战神阿瑞斯和爱与美之神阿佛洛狄忒之子。若被厄洛斯的金箭射中就会坠入爱河，被铅箭射中则会爱而不得。

M5

M16

巨蛇座

Serpens

　　夏季夜晚，巨蛇座会在南边天空中和蛇夫座重叠。它们原本是一个星座，但克罗狄斯·托勒密划定 48 个星座时将巨蛇座从蛇夫座独立了出来。蛇身和蛇夫的腰部重合，蛇夫座东边是蛇头，西边是蛇尾。巨蛇座的看点是位于蛇头的球状星团 M5 和位于蛇尾的疏散星云 M16。球状星团由无数星星汇聚而成，是一个状似球藻的球体。疏散星团则是看上去像在发光的星云，M16 还包含三束暗黑星云（气体和尘埃可以遮挡住光线）。

海豚座
Delphinus

　　在银河东岸、天鹰座 1 等星河鼓二旁边有一个小小的星座，就是海豚座。其形状是带一个小尾巴的菱形。这个星座虽然没有 3 等星以上的星星，但因为菱形的排列形状令人印象深刻，所以相对容易找到。海豚自古便被奉为神圣的动物，人们坚信它是海神波塞冬的使者。在希腊神话中，获得音乐比赛优胜的阿里翁在回家路上遇到了海盗，他们想要抢走阿里翁的比赛奖金，于是袭击了他，并把他扔进海里。海豚救了阿里翁，后来被召至天上成为星座。也有传说是海豚帮助波塞冬娶到了妻子安菲特里忒，所以升为星座。

盾牌座

Scutum

　　银河中有些区域，汇聚了无数的星星，格外美丽，好似闪着光的云朵。最大的云雾状天体位于射手座，射手座周边区域被称为"大星云"。与之相对，其北侧的云雾状天体被称为"小星云"，而盾牌座就位于这个"小星云"附近。盾牌座是波兰天文学家赫维利斯新划定的星座之一，起初被命名为"索别斯基的盾牌座"。索别斯基是波兰立陶宛联邦国王，于1683年成功击退了攻打维也纳的土耳其军队，是一个英雄。

贾索四

南冕座

Corona Australis

　　射手座南斗六星的南侧有一个由众多小星星勾勒出的半圆形，就是南冕座。南冕座是克罗狄斯·托勒密划定的48个星座之一，虽然历史悠久，但并无神话故事流传下来。因为这个星座位于射手座旁边，因此别称"半人马的皇冠""射手的皇冠"等。它学名中的"Corona"意为日冕，指太阳大气最外层发生日全食时出现的皇冠状光芒，其本意就是皇冠。南冕座和北冕座一样，有一颗叫贯索四（Alphecca，意为有缺口的盘子）的星星。

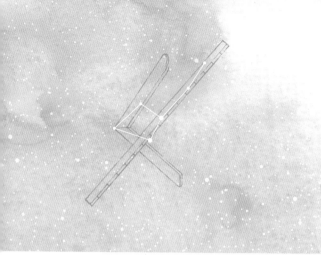

矩尺座
Norma

　　矩尺座位于天蝎座、豺狼座以南。因为在日本本岛无法观测到星座整体，所以也有人将其划分至南天星座。矩尺座状似一面小旗子，十分可爱，是法国天文学家拉卡伊新设的星座之一。如果要观测星座整体就必须前往冲绳附近。矩尺座没有明亮的星星，不易观测，它有几个星云值得一看，但如果没有大型望远镜就很难观测到。

天坛座

Ara

　　天坛座位于天蝎座以南，豺狼座以东，是一个很小的星座。早在古希腊，人们就知晓这个星座的存在，它是克罗狄斯·托勒密划定的 48 个星座之一。在日本，只有在接近南边天空地平线之处可以观测到。天坛座由不规则的菱形和梯形组合而成。星图中描绘的是点起圣火、燃烧供品的祭坛。神话中有很多关于它的传说，比如建于巴别塔顶部的神殿中的祭坛，或者预言克洛诺斯会被儿子宙斯夺去王位的祭坛。

望远镜座
Telescopium

　　望远镜座位于射手座以南。要想观测到星座整体就必须南下至日本石垣岛、宫古岛以南地区。这个星座也是法国天文学家拉卡伊新设的，拉卡伊在18世纪中期花费了三年时间在南非的开普敦观测南半球的星星，留下了约一万颗星星的观测记录。毫无疑问，17世纪发明的望远镜为天文学的发展做出了极大的贡献，伽利略利用望远镜发现了木星存在卫星及银河由星星汇聚而成。拉卡伊为表示感谢，将这个星座命名为望远镜座。

武仙座

琴座

天鹅座

狐狸座

天箭座

豚座

天鹰座

座

座

座

镜座

W

秋

Autumn

10/5 = 23:00

10/20 = 22:00

11/5 = 21:00

11/20 = 20:00

仙后座

Cassiopeia

秋季入夜后，北方天空中有五颗星星排列呈 W 形，或许也可以说是微微张开脚的 M 形。仙后座全年都可以在北方天空中观测到，它和北斗七星一样，是辨认北极星的标志。在日本，仙后座因形似 W 形和 M 形还别称"锚星""山形星"。古埃塞俄比亚的王后卡西奥帕亚十分自傲，即便自己的美貌逝去，她也要夸赞女儿安德洛墨达公主的容貌，有一次甚至吹嘘："连海洋女神涅瑞伊得斯也比不上安德洛墨达。"被惹恼的海神波塞冬于是兴风作浪。神谕要安抚波塞冬的愤怒，必须要把卡西奥帕亚的女儿献祭给海怪。于是安德洛墨达被锁在海岸边的礁石上，等待着海怪刻托（鲸鱼座）。这时，勇士珀尔修斯骑着飞马珀伽索斯出现了，他将美杜莎的头颅掷向刻托，刻托立刻变成了石头沉入海里。而王后卡西奥帕亚也接受了惩罚，她被绑在椅子上，在北边天空中不停旋转。

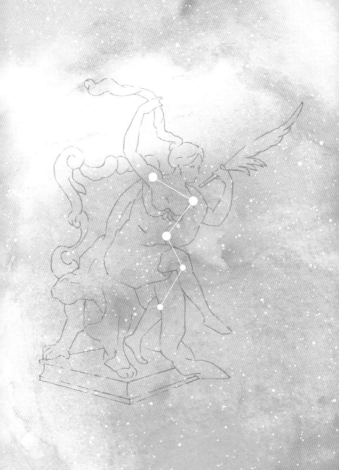

仙女座

Andromeda

位于仙女座头部的星星与飞马座大四边形东北方的星星是同一颗，在很长一段时间内，它（壁宿二，英文 Alpheratz，意为"马的肚脐"）同属于两个星座，直到 1928 年星座界线划定后，才隶属于仙女座。从海怪刻托那里被解救出来的安德洛墨达公主得到了国王克甫斯和王后卡西奥帕亚的允许，成为勇士珀尔修斯的新娘。和安德洛墨达有婚约的菲纽斯对此提出异议并闯入了婚宴，珀尔修斯再次用美杜莎的头颅击退了他。即使不是天文爱好者，也知道仙女星系 M31（椭圆形，类似银河系），它是秋季夜空代表性的天体之一。亮度 4.8 等，非常明亮，所以在望远镜发明之前就广为人知。这个天体并不在银河系内，它与银河系相距 230 万光年。即便如此，它也是距离地球最近的大星系，直径 22 万光年（银河系的约 2 倍），包含四千亿颗星星。M31 和银河系正以 50 万千米的时速相互接近，预计约 30 亿年后发生碰撞。

壁宿二

M31

英仙座
Perseus

　　秋季的银河，在仙后座和御夫座 1 等星五车二之间可以看见一个"人"字形，那就是英仙座。然而，它有三只"脚"，一只"脚"是向北边勾起的曲线，一只"脚"是向脚下延伸的曲线，一只"脚"是和变光星大陵五相连的曲线。英仙座的模样是珀尔修斯提着女妖美杜莎的头颅，挥舞着长剑。珀尔修斯是众神之王宙斯和阿尔戈斯公主达那厄的儿子，神谕指示阿尔戈斯国王"你会丧命于达那厄的儿子之手"，于是国王将女儿和外孙都扔进了海里。两人漂流到塞里福斯岛，岛上的国王爱慕达那厄，又觉得她的儿子碍事，就让珀尔修斯去杀死戈耳工三姐妹之一的女妖美杜莎。珀尔修斯从雅典娜女神那里得到了磨得像镜子一样的盾牌，从众神使者赫尔墨斯那里得到了可以腾空飞行的靴子和可以隐身的神袋，又从流水仙女那里得到了能用来放头颅的皮袋。他潜入美杜莎的卧室后，用镜子一样的盾牌照着三姐妹，准确地辨认出了美杜莎，在不对视的情况下[1]成功斩下了美杜莎的头颅。珀尔修斯带着妻子安德洛墨达回到塞里福斯岛后，因为国王极尽残暴，于是他用美杜莎的头颅将国王和他的追随者全都变成了石头。从此，岛上又回归了和平。

1　在不对视的情况下：因为任何人和美杜莎对视都会立即变成石头。

大陵五

鲸鱼座

Cetus

晚秋到初冬期间，可在南边天空看到巨大的鲸鱼座。鲸鱼座是秋季最大的星座，同时也是全天第四大星座。秋季大四边形东侧以南便是鲸鱼座的 2 等星土司空（英文 Deneb Kaitos，意为"鲸鱼的尾巴"）。位于鲸鱼头部的蒭藁增二（英文 Mira，意为"不可思议"），是人类发现的第一颗变光星。其亮度以约 332 天为周期，在 2 等星和 10 等星之间变化，有时候肉眼就能看得十分清楚，有时候又完全看不到，是一颗不可思议的星星。蒭藁增二是一颗红巨星，其膨胀程度超过历史悠久的太阳五百多倍，还有一颗白矮星伴星。它十分不稳定，一边像气球一样膨胀收缩，一边等待着终结。在希腊神话中，鲸鱼座的原型是让海神波塞冬也忌惮的鲸鱼怪刻托。在它准备袭击古埃塞俄比亚的安德洛墨达公主时，被勇士珀尔修斯制服。虽名为鲸鱼，但它奇特的样子更像海象怪或海豹怪。

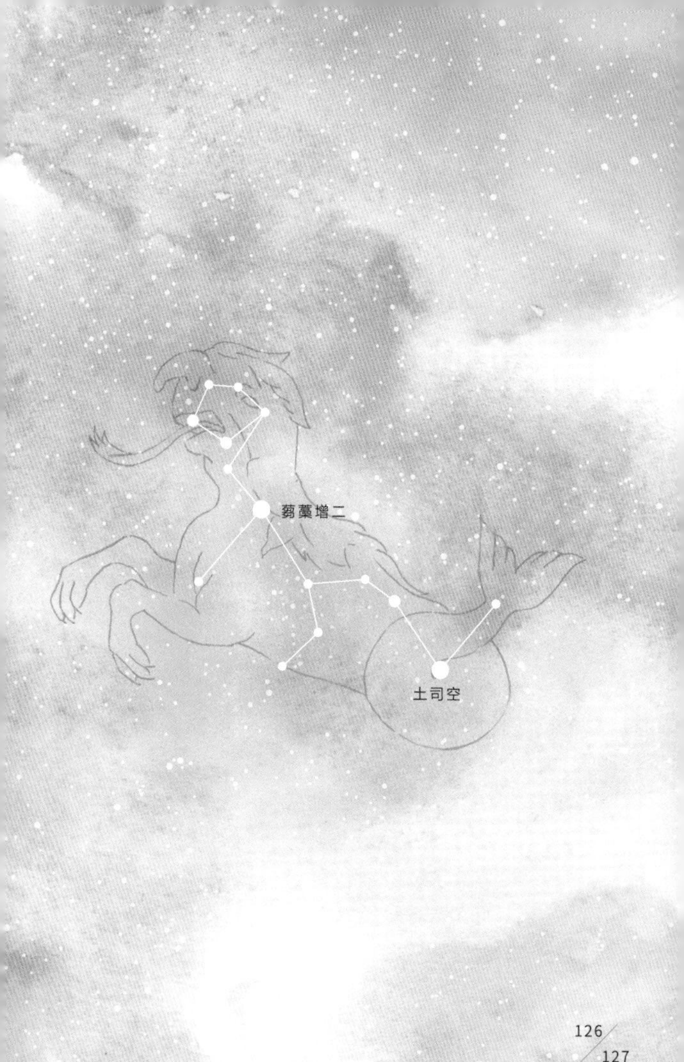
蒭藁增二
土司空

山羊座

Capricornus

　　山羊座是黄道十二星座的第十座。秋季入夜后，射手座以东的南边低空可观测到一个倒三角形，那就是山羊座。山羊座几乎没有明亮的星星，是一个很寂寞的星座，但它自古就是为人们所熟知的重要星座之一。当冬至点位于山羊座时（现在的冬至点移向射手座），从南边落下的太阳就会再次回到北边，就像在模仿攀登多石之山的山羊一样。不过星图上描绘的山羊并非普通山羊，其下半身为鱼，十分奇妙。它原本是森林和牧羊之神潘神（英文 Pan，因为他也是恐慌之神，所以 pan 是 panic 一词的词源）。潘神总是吹着苇笛唱歌跳舞，放纵享乐。有一次，潘神和众神在尼罗河岸边设宴欢聚，突然，连众神之王宙斯都要畏惧几分的妖怪提丰（Typhon，"台风"一词的词源）出现了。众神四散奔逃。潘神变成鱼跳入河里逃走，但由于太过惊慌，它上半身仍然是山羊的样子。据说因为他在河里游泳的样子太奇怪，宙斯就将他的样子留在天上，成为星座。

水瓶座

Aquarius

水瓶座是黄道十二星座的第十一座，位于英仙座以南，山羊座以东，秋季时会攀升至南中天。水瓶座是一个很大的星座，但并没有明亮的星星，很难令人联想到美少年甘尼美提斯拿着水瓶的样子。它的标志只能是美少年脚下闪耀的、秋季夜空中唯一的一颗 1 等星——南鱼座北落师门。水无止境地从水瓶中溢出，流入南鱼座的鱼嘴。关于甘尼美提斯的希腊神话，我们已在天鹰座的故事中讲述了。似乎从希腊时代以前开始，水瓶座的名字就和水有关，Aquarius 的意思是"拿着水的男人""搬运水的男人"。在古埃及，人们相信因为这个男人把水瓶放入水源地汲水，水溢了出来，所以尼罗河才发了洪水。秋季，位于天空中的水瓶座和南鱼座、双鱼座、鲸鱼座、海豚座及下半身是鱼的山羊座等与水相关的星座齐齐排列，这是因为当太阳经过水瓶座时，这些星座的发祥地中东和近东正逢雨季。

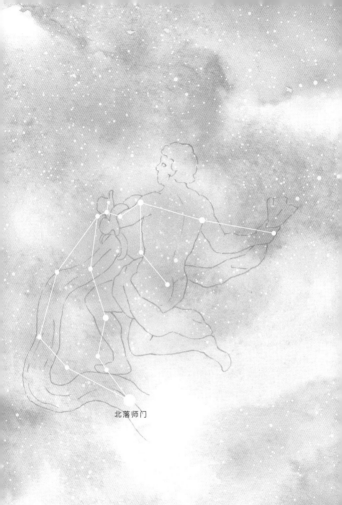

北落师门

双鱼座

Piscis

　　双鱼座是黄道十二星座的第十二座。在秋季大四边形的西侧，它以细长的 V 字形横卧于空中。星图中描绘的样子是两条鱼被类似丝带的东西相联结。双鱼座在中国曾被称为"双鱼宫"。但它最明亮的星星也不过是 4 等星，要找到它并不容易，尽管没有显眼的星星，双鱼座还是很有话题性。原因是春分点位于西边那条鱼的鱼尾附近。春分点是太阳的运动轨道黄道和天球赤道的交汇处，以春分日为界线，太阳直射点从南半球向北半球移动。因为岁差，春分点会随着时间移动，约六百年后将会移至水瓶座。在希腊神话中，传说爱与美的女神阿佛洛狄忒和她的儿子厄洛斯与山羊座的森林和牧羊之神潘神一样，因被怪物提丰袭击而慌慌张张变成鱼跳入尼罗河逃走，他们为了避免分散而用线把彼此捆绑在一起。提丰是消灭了巨神族的大地之神盖亚为了报仇而派出去的怪物，长有一百个蛇头，据说因为它的叫声恐怖，众神皆十分畏惧。

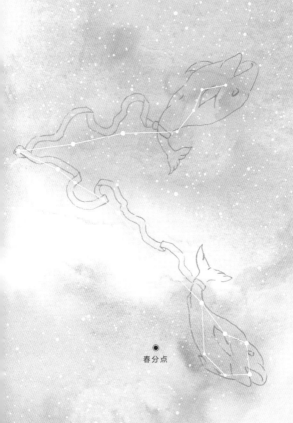

春分点

白羊座

Aries

　　白羊座是黄道十二星座的第一座。虽然它是个朴素的小星座，但是因为在约两千年前，春分点就位于这个星座（现在已移动至双鱼座），因此它作为黄道十二星座的起始，自古以来备受重视。人们使用经纬度标记地球上的位置，同理，使用赤经、赤纬标记星空的位置。赤经0度、赤纬0度就是"春分点"。秋季转为冬季时，可在三角座南侧观测到白羊座。在希腊神话中，当国王阿塔玛斯的两个孩子弗里克索斯王子和赫勒公主要被他们的继母伊诺杀害时，一头公羊受众神之王宙斯之命前来营救，这头公羊便是白羊座。伊诺用火烘烤麦种导致庄稼严重歉收，甚至还假传神谕，谎称"必须将国王阿塔玛斯的两个孩子作为祭品才能解决歉收问题"。千钧一发之际，一头金毛公羊从天而降救了兄妹二人。两人坐在羊背上向北方的科尔基斯飞行时，妹妹赫勒一阵头晕眼花，坠入海中。得救的哥哥弗里克索斯为表感谢将金毛公羊带到了宙斯的神殿，宙斯将这头公羊召至天上成为星座。

仙王座

Cepheus

在仙后座和北极星之间的偏北处有五颗星星散发着淡淡的光芒，形状就像一座带有尖屋顶的房子，那就是仙王座。这个星座的 δ 星以 5.336 天为周期运动，亮度在 3.48 等到 4.37 等之间呈不规则变化，是一颗变光星。人们利用这个知识可以知道变光星和地球的距离。其 μ 星也是变光星，是一颗有名的红巨星，直径为太阳直径的 1 500 倍。仙王指的是古埃塞俄比亚国王克甫斯，卡西奥帕亚王后的丈夫，安德洛墨达公主的父亲。

飞马座

Pegasus

秋季初更，当人们抬头仰视夜空时，会看到一个由四颗星星构成的大四边形。这个四边形被称为"飞马大四边形""秋季大四边形"。飞马的躯干部分是寻找秋季星座的绝佳标志。它在日本还被称为"四星""桝形星"。在希腊神话中，勇士珀尔修斯砍下美杜莎的头颅时，迸出的鲜血洒到了大地上，那里飞出了一匹长有银翼的白马。之后，这匹白马就跟随珀尔修斯一同冒险。据说美杜莎拥有一头蛇发，她的眼睛有一种魔力，凡是看到她眼睛的动物都会变成石头。

μ星

δ星

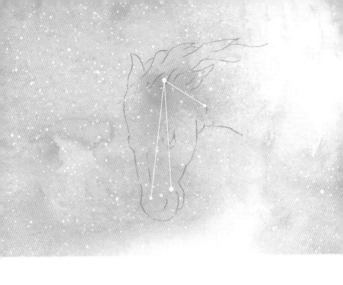

小马座

Equuleus

　　小马座在星图中位于飞马座前方，仅绘有一个马脸。它是全天第二小星座，仅比南十字座大，非常不起眼，但也被划为克罗狄斯·托勒密设定的 48 星座之一，历史悠久。散发着淡淡光芒的星星们排列成细长的梯形。小马座从前是海豚座的一部分，现已独立出来。在希腊神话中，它是商业之神和信使赫尔墨斯送给骑马能手、大英雄卡斯托耳（双子座）的马，是飞马珀加索斯的弟弟，名叫克勒利斯。

蝎虎座
Lacerta

　　蝎虎座是一个小小的星座，可于秋季在天顶附近观测。它位于仙女座、天鹅座、飞马座、仙后座中间，由 4 等星以下的暗星联结而成，是赫维利斯新设的星座。要把联结成锯齿状的星星想象成蝎虎并非易事，赫维利斯绘制的星图上还写有"蜥蜴"和"蝾螈"的字样，总之就是爬行类动物。这个星座也曾有过"弗里德里希二世的荣誉座"或"王笏·正义之手座"等名字，但都没有持续很久。

北落师门

南鱼座
Piscis Austrinus

　　秋季初更，在南边低空中可以观测到南鱼座，它就像一条鱼喝着从水瓶座的水瓶里流下的水。这个星座包含了 1 等星北落师门，其英文名 Fomalhaut 来源于阿拉伯语的"鱼嘴"一词。它周围没有其他明亮的星星，这颗孤独地飘浮在夜空中的星星还有"孤星""鸵鸟"的别称。这个星座和双鱼座有相同的神话故事，传说是爱与美的女神阿佛洛狄忒遭怪物提丰袭击，慌慌张张地变成鱼的模样逃走了。

三角座

Triangulum

　　仙女座脚下有一个三颗 3 等星排列而成的等腰三角形，依其形状取三角座之名。三角座在古代被称为 Delta[1]、△ 座（△ 是第四个希腊字母的大写形式），虽然是个很小的星座，但是很容易找到，被划入克罗狄斯·托勒密设定的 48 个星座之中。三角座在埃及也被称为"尼罗河之家""尼罗河的三角洲"等。到了中世纪，它被讴歌为基督教"三位一体"的象征。

1　Delta：意为三角洲。

天鹤座

Grus

晚秋时节，可以在南鱼座的最南端、地平线近处观测到两颗并排的 2 等星。但天鹤的脚部一直延伸到南天星座杜鹃座，因此在日本无法观测到完整的天鹤座。它由荷兰的航海士设定，又被编入德国巴耶星图中，因此广为人知。将它命名为天鹤座或许是因为鹤在古埃及是天体观测的标志。据说中世纪的船员将这个星座称为火烈鸟座。

玉夫座

Sculptor

鲸鱼座南端有一个横贯东西的星座，绵长又巨大，但它并没有明亮的星星，很难让人联想到雕刻玉石的匠人。星图中描绘的是带桌脚的台子上有一个半身像，旁边放着錾子和锤子。玉夫座是法国天文学家拉卡伊新设的 14 个南天星座之一，最初拉卡伊为其取名"雕刻家的工作室"。在日本，只有在南边能够观测到这个星座。因为这个星座原本并不存在，是近代设定的，所以人们只能在南鱼座 1 等星北落师门以东、夜空的空白处大致估计它的位置。

凤凰座
Phoenix

凤凰座和天鹤座一样，由荷兰的航海士设定，又被编入德国巴耶星图中，因此变得广为人知。晚秋时节，可以在南边天空地平线附近、天鹤座与玉夫座之间观测到它。但是在日本，只有鹿儿岛以南地区能观测到整体。一颗 2 等星和两颗 3 等星构成了一个等腰三角形。所谓凤凰，是古希腊人相信存在的一种不死鸟，以五百年为一个生命周期，在火焰中飞翔死去，又在火焰中苏醒重生。

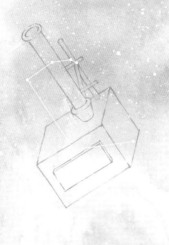

显微镜座

Microscopium

　　显微镜座位于射手座东南侧、山羊座以南，靠近地平线，六颗 5 等星排列成"ㄱ"形。因为全是暗星所以很难观测。星图中描绘的是一个长长的古典风格显微镜。1590 年，荷兰眼镜商詹森父子发明了显微镜，17 世纪经英国科学家罗伯特·胡克改良后，与现代显微镜相近。微观世界对当时的人们具有强烈的吸引力。18 世纪，这个星座的命名者拉卡伊十分活跃，当时显微镜的性能飞速发展，成为那个时代极具代表性的高科技仪器。

天炉座

Fornax

　　天炉座位于玉夫座以东，它和玉夫座一样，在日本只有南方地区才有可能观测到。构成该星座的星星均为 4 等星以下，毫不起眼。拉卡伊划定的星座均为新设，它们原本在夜空中看上去只是一片空白。天炉座名字中的"炉"并不是取暖用的炉子，而是用于化学实验的"炉子"，星图上描绘的是"炉子"上放着类似蒸馏器和烧瓶的物体。拉卡伊的星图看上去上下颠倒，这是因为他是在南半球的开普敦观测，然后进行绘制的。

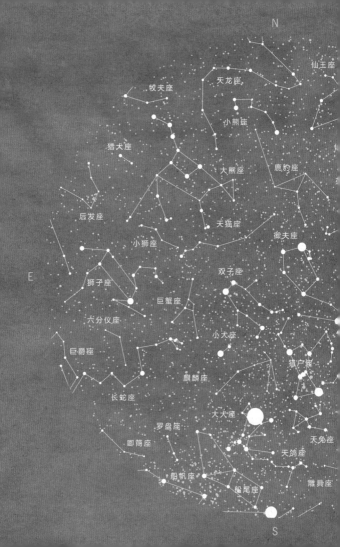

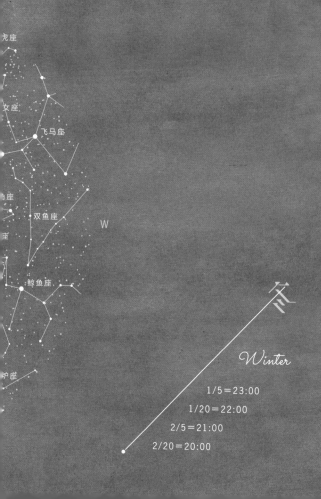

亮座

女座

飞马座

角座

双鱼座

座

鲸鱼座

炉座

W

冬

Winter

1/5＝23:00
1/20＝22:00
2/5＝21:00
2/20＝20:00

金牛座

Taurus

　　金牛座是黄道十二星座的第二座，可在猎户座以西、天顶附近观测到，是冬季的代表性星座之一。这个星座有许多亮点，包含在日本被称为"昴星团"的疏散星团（"昴"在日语中也写作"統ばる"，意为"聚集后成为一体"）、以橙色1等星毕宿五为中心的毕星团，还有超新星的残骸蟹状星云M1。在希腊神话中，金牛是主神宙斯掠夺腓尼基国王的女儿欧罗巴（欧洲Europe一词的词源）时幻化而成的。这头突然出现在欧罗巴面前的金牛洁白如雪，长着透明的牛角，十分美丽。欧罗巴看呆了。金牛诱惑放松警惕的欧罗巴坐上牛背，然后向海中奔去，踏浪前行。最后两人到了克里特岛，并在那里结合，那时的金牛便成了星座。昴星团也有神话故事流传下来，说的是支撑天空的阿特拉斯的七个女儿，不过肉眼只能观测到六颗（日本也称为"六连星"），传说有一颗星星消失是因为七人中的墨罗佩成了人类的妻子，令阿特拉斯蒙羞。

蟹状星云（M1）

毕宿五 —— 毕星团

昴星团

猎户座

Orion

猎户座可以说是全天 88 个星座中最容易找到的星座。在红色 1 等星参宿四、蓝白色 1 等星参宿七以及两颗 2 等星构成的四边形中，三颗 2 等星整齐有序地排列着。在日本，人们因其形状而称它为"鼓星"。另外，红色的参宿四很像平家的红旗，因此又称"平家星"；蓝白色的参宿七则因像源氏的白旗而被称为"源氏星"。从很久以前开始，世界各国都将猎户座作为神和勇士的星座崇拜。它在希腊神话中对应的是巨人奥利安，奥利安是海神波塞冬的儿子，一个优秀的猎人，驰名天下。他经历了各种冒险，然后在克里特岛上与月亮女神阿尔忒弥斯坠入了爱河。女神赫拉对自以为狩猎本领高强因而极度自负傲慢的奥利安十分不满，有一天派了一只巨大的蝎子（天蝎座）下凡，强壮如奥利安也扛不住蝎子的剧毒，最终命丧其手。阿尔忒弥斯哀其死，将其升上天空成为星座。传说奥利安即便已成为星座，依然非常害怕蝎子，所以每当天蝎座升起，他就会从西方天空落下。

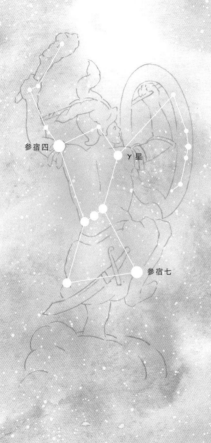

参宿四

γ星

参宿七

双子座

Gemini

双子座是黄道十二星座的第三座。女儿节[1]时，天顶附近有两颗明亮的星星并肩闪耀，左边是 1 等星波拉克斯，右边是 2 等星（正确来说为 1.6 等，十分接近 1 等星）卡斯托耳。日本也称它们为"兄弟星"，除此之外还有"夫妇星""眼镜星""金星银星""猫眼""蟹眼"等称呼。在希腊神话中，双子是化身为天鹅（天鹅座）的主神宙斯和斯巴达王后勒达所生的双胞胎兄弟，分别为弟弟波拉克斯和哥哥卡斯托耳。波拉克斯继承了神的血统，十分擅长拳击，拥有不死之身；卡斯托耳则继承了人类的血统，是有名的骑士及战术家。两人经历了各种冒险，留下了许多英勇的传说，因此，他们在罗马时代被尊崇为船员的守护神。之后，卡斯托耳在和表兄弟的斗争中丧命，后来波拉克斯虽然成功为哥哥复仇，但依然无法接受哥哥的死。于是向宙斯请愿："请赐死拥有不死之身的我，让我与兄长团聚吧。"宙斯感念其兄弟之爱，为了让他们永远在一起而创立了双子座。

1　女儿节：日本传统节日，每年 3 月 3 日。

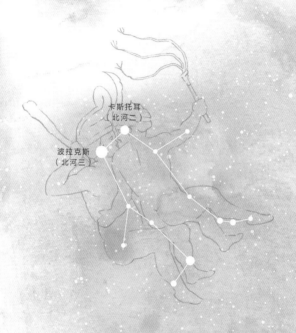

卡斯托耳
（北河二）

波拉克斯
（北河三）

大犬座

Canis Major

冬季的东南方天空有一颗璀璨闪耀的蓝白色星星，那就是大犬座的 1 等星天狼星（Sinius，意为"烧焦之物"）。即便冬季天空中有许多明亮的星星，但视星等 –1.5 等（其亮度为标准 1 等星亮度的约六倍）的天狼星依然十分显眼。在古埃及，人们认为如果这颗星星在夏至的黎明前出现在天空中，尼罗河的河水将会泛滥，酷暑就此降临。以天狼星为顶点的三角形、鼓状躯干，再加上脚和尾巴，如此鲜明的样貌极易令人们联想到狗。在希腊神话中，大犬座留下了许多神话故事。其中之一就是猎人奥利安的猎犬，另一个是伊卡里奥斯王的忠犬梅拉，还有一个是月亮女神阿尔忒弥斯的侍女普罗克里斯饲养的名犬莱拉普斯。莱拉普斯被弥诺斯誉为"能捉到世上所有猎物的犬"。有一天，为了降伏作乱国家的一只大狐狸，普罗克里斯的丈夫凯帕洛斯牵着莱拉普斯出了门。莱拉普斯一直不停地追捕狐狸，但始终抓不到它，因为神赋予了这只狐狸"绝对不会被抓到"的命运。据说神因为这个矛盾极其困扰，于是将莱拉普斯和狐狸都变成了石头，然后将莱拉普斯召至天上成为星座。

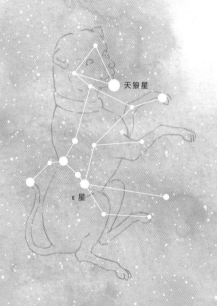

天狼星

ε 星

小犬座

Canis Minor

　　小犬座位于冬季的银河东岸。1 等星南河三和 3 等星 β 星两颗星星勾勒出了小狗的模样。南河三的英文名 Procyon，意为"犬的前方"，似乎是因为它比大犬座的天狼星更早升上东方天空。南河三是一颗十分重要的星星，它和天狼星一样预示着洪水季节的来临。此外，它与天狼星以及猎户座的 1 等星参宿四连结，构成了一个美丽的"冬季大三角"，装点冬季的夜空。在希腊神话中，它被认为是知名猎人阿克特翁（农艺之神阿里斯塔俄斯之子。师从智者喀戎学习弓弩）的猎犬梅拉波斯。有一天，外出打猎的阿克特翁窥视到在森林泉水中沐浴的月亮女神阿尔忒弥斯。阿尔忒弥斯极其自傲又崇尚纯洁，她对此震怒，于是将阿克特翁变成了一头鹿。而对于突然出现在眼前的大鹿，猎犬们并不知道它就是自己的主人，一起扑上去袭击了它，阿克特翁被瞬间撕裂。阿尔忒弥斯又心生不忍，于是将杀了主人的梅拉波斯召至天上，让它成为星座。

南河三

船尾座

Puppis

　　托勒密设定的48个星座中，有一个星座曾被称为"阿耳戈船座"，后因面积过大（为现最大星座"长蛇座"的1.5倍），被法国天文学家拉卡伊拆分为"船尾座""船底座""罗盘座"和"船帆座"四个星座。阿耳戈船是伊奥鲁克斯的王子伊阿宋为了取回金毛羊（牧羊座）的羊皮，前往科尔喀斯国时乘坐的船，同乘这艘船的还有勇士赫拉克勒斯、双胞胎勇士波拉克斯和卡斯托耳以及诗人俄尔甫斯等杰出人士。他们一行人战胜了无数苦难，终于将金毛羊的羊皮带回了故乡。在日本无法观测到整个船尾座，而且因为是将一个星座一分为四，所以很难在夜空中联想到单独的船尾座模样。人们只能在天狼星以东、银河与南边地平线交界处附近估计其位置。实际上，对于船尾座这个星座，应该关注的并不是星座的形状，而是它包含许多双重星以及被称为双重星团的疏散星团M46、M47等。如果用望远镜观测，它们就会接连出现在视线当中。

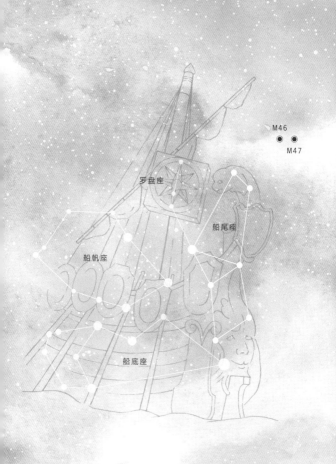

M46

M47

罗盘座

船尾座

船帆座

船底座

鹿豹座
Camelopardalis

鹿豹座位于北极星旁，几乎全年都在北边天空中运行。虽然这个星座巨大，但是没有明亮的星星，或许可以说它是最不显眼的星座之一。晚秋到冬季是最容易观测到它的季节。17世纪，德国数学家巴特希在星图上标明后，这个星座才为世人所知。《圣经·旧约》中出现过一个犹太人叫以撒，他的骆驼为他送来了美丽的妻子利百加。巴特希从骆驼那里得到了启发，当时为这个星座取名"骆驼座"。但星图上描绘的是长颈鹿，中国称之为鹿豹座。而长颈鹿在日语中写作"麒麟"，因此日语中称其为麒麟座。

御夫座
Auriga

在金牛座的牛角部分，有五颗明亮的星星构成了将棋棋子的模样，那就是御夫座。中国也称之为"五车"，日本称之为"五颗星""五角星"。御夫座的 α 星五车二是全天离北极星最近的闪耀的 1 等星，几乎全年都可以在北边天空中看到，因此很多地区都尊其为顶级的神仙星。在希腊神话中，御夫指的是雅典之皇埃里克托尼奥斯，据说他天生脚有残疾，因此在战场上驾驶马车行动，纵横沙场，十分活跃。

五车二

水委一

波江座

Eridanus

波江是河神。它的源头位于猎户座脚下的 1 等星参宿七附近，然后向东西两侧蜿蜒流淌，最终流至南边地平线之下。河流南边尽头是 1 等星水委一，在日本只能在鹿儿岛以南地区观测到。有趣的是，就像古希腊将它看作河流一样，埃及将它喻为尼罗河，巴比伦将它喻为幼发拉底河，罗马将它喻为波河。在希腊神话中，它还是太阳神阿波罗之子法厄同驾驶太阳神马车时掉落死亡的河流。

R 星

天兔座

Lepus

天兔座是位于猎户座脚下的一个小星座，三角形的身体上有两只长长的耳朵。虽然天兔座的星星都为暗星，但其模样很容易让人联想到兔子。它是托勒密设定的48星座之一，虽然历史悠久，却并无神话故事流传。这个星座之所以成为天兔座，据说是因为猎人奥利安最喜欢的猎物就是兔子。因为天兔座的R星的颜色为红色，如同血液，因此也被称为"深红色星"。天蝎座的心宿二和猎户座的参宿四也是红色的，但深度比之不及。

天鸽座

Columba

　　天鸽座是一个位于猎户座脚下、天兔座以南的小星座，只能在南边地平线附近观测到。天鸽座设立极早，在 2 世纪的亚历山大著书中也有登场，正式被承认是因为 17 世纪法国天文学家罗耶的星图。这个星座的名字并非来源于希腊神话，而是《圣经·旧约》中的故事。传说诺亚方舟经历暴风雨又渡过洪水后，最终到达亚拉腊山，为了确认陆地的情况放出了鸽子打探情况——就是天鸽——七天后鸽子衔着橄榄枝安全返回，船上的人们因此确认陆地是安全的。

麒麟座

Monoceros

　　冬季大三角之间流淌着一条淡淡的银河，这条河中藏着一头独角的动物"Monoceros"，意为独角兽或犀牛。中国将其称为麒麟座，日语中称为独角兽座。这个星座没有明亮的星星，所以它和赫维利斯新设的其他星座（也有传说是荷兰制图员普朗修斯发现）一样，人们很难在夜空中想象出它的模样。这只动物是一匹额头上长有长角的马（也有说法是山羊），它的角有治病祛毒的功效，据说人们相信如果获得了它就会有幸运降临，在现实生活中也有很多人在寻找它。不过很遗憾，它只是人们想象出来的生物。

雕具座
Caelum

　　冬季初更，可以在天鸽座以西、南边地平线附近观测到雕具座。法国天文学家拉卡伊根据在喜望峰观测天体的记录编写了《南天星座目录》，雕具座就是他发表该目录时新设的南天星座之一。雕具座的星星排列呈"〈"的形状，但并没有明亮的星星（所有星星均为 5 等星以下），因此很难找到。星图中描绘的是两根凿子（或者錾子）交叉，然后用丝带状的物体绑在一起。

罗盘座

法国天文学家拉卡伊将原本属于阿耳戈船座的船桅座加上其他几颗星星后新设为罗盘座。与其说罗盘座是阿耳戈船座的一部分，不如将它视作一个崭新的星座，因为星图上描绘的罗盘座是希腊神话时代并不存在的磁性罗盘。罗盘座位于大犬座的东南方，但它既没有明亮的星星，也没有别具特色的星星，因此很难在夜空中想象出罗盘的样子。

船底座

Carina

阿耳戈船座横亘于南边地平线附近，其中心即为船底座。这个星座的 1 等星（视星等 –0.7 等）老人星为全天第二亮星，仅次于天狼星，可以说是南天最美的星星。在日本关东以南地区临近地平线之处才能观测到它，因此有一种可怕的说法是"大海汹涌之时，才能看见这颗星星"（因为接近地平线时，光线受大气影响变弱，连 1 等星也看不见）。中国称之为"南极老人星"，认为它是象征长寿的星星，日本也将之视作吉兆。

船帆座

Vela

日本四国地区以北无法观测到完整的船帆座。从南半球看，整个船帆座都高耸于天空之中。因为它和船底座的星星一起勾勒出了一个美丽的十字形，所以常被人错认为南十字星，因而也被称为"假十字"。"假十字"比真正的南十字更大，是寻找船帆座的一个绝佳标志。船帆座有两处看点，分别为弥漫星云"甘姆星云"（超新星爆发后飞散的残骸）和行星状星云"南环状星云"（相对天琴座的环状星云）。

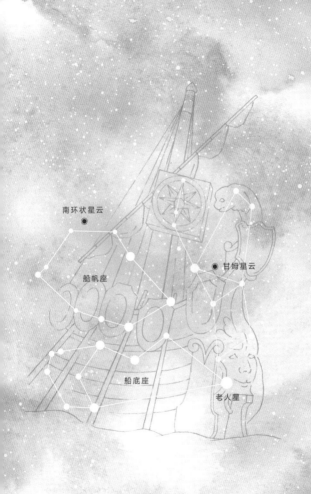

南环状星云 ◉

船帆座

◉ 甘姆星云

船底座

老人星

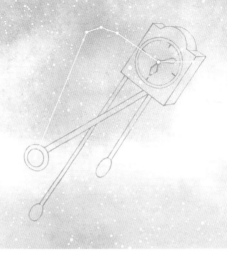

时钟座

Horologium

时钟座位于天炉座、波江座以南。在日本，要观测时钟座的整体只能南下至石垣岛附近。它是法国天文学家拉卡伊新设的南天星座之一，星图上描绘的是一个大大的摆钟。17 世纪，荷兰物理学家惠更斯发明了摆钟并将其实用化，摆钟对于当时的天体观测来说是不可或缺的器材（据说一天只有几分钟的误差）之一。人们猜想拉卡伊因为在喜望峰观测南天天空时曾携带摆钟，因此给这个星座取名时钟座以表纪念。

α星

画架座
Pictor

　　画架座位于船底座 1 等星老人星以东。这个星座和时钟座一样，在北海道无法完全观测到，若要观测星座整体必须南下至石垣岛附近。它是法国天文学家拉卡伊新设的南天星座之一，星图上描绘的是绘画时支撑画布和画板的台架、画架。以 3 等星 α 星为顶点，两颗 4 等星为画架支脚，排列呈 "V" 形，相对而言是一个比较好找的星座。

南天

Southern hemisphere

所谓南天的星座，指的是
在日本只能观测到一部分的
"天空南极"附近的星座。

南十字座

Crux

南十字座位于半人马座以南，可以说是南天夜空中最有名的星座，同时也是全天最小的星座。两颗 1 等星十字架二和十字架三、一颗 2 等星和一颗 3 等星总计四颗星星构成了一个十字。在日本，如果南下至冲绳地区附近，也许能在临近地平线之处观测到它。公元前 5 世纪前后似乎只能在欧洲南部观测到，那时人们还将它当作了半人马座的一部分。后来因为岁差运动，欧洲渐渐都能观测到这个星座。15 世纪大航海时期，这个星座再次被远征南半球的船员们发现。虽然众说纷纭，但将它作为独立星座画在星图上的第一人应该是法国天文学家罗耶。南天天空中并不存在"南极星"，人们一般会依照南十字座的位置推断天空的南极（十字架长的一边延长约五倍处）。南十字座旁边的暗黑星云"煤袋星云"也是一大看点，它的存在令南天的银河看上去像有一个很大的洞。

十字架三

十字架一

煤袋星云

十字架二

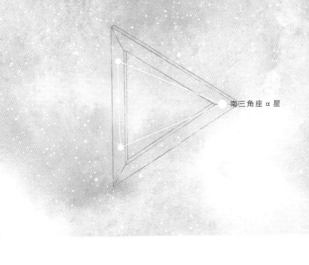

南三角座 α 星

南三角座
Triangulum Australe

　　南三角座位于半人马座的东南侧，在日本只有冲绳以南地区才有可能观测到。一颗 2 等星南三角座 α 星和两颗 3 等星构成了一个漂亮的三角形，比起北三角更容易找到。因为它的形状非常容易辨认，因此它和南十字座一样，很早就为人们所知。首次向大众介绍这个星座的是意大利船员亚美瑞格·韦斯普奇。

圆规座
Circinus

南天银河自地平线直立，而圆规座就位于银河之中、半人马座和南三角座的正中间附近。在日本，如果南下至石垣岛附近，就能在地平线临近处观测到。圆规座是法国天文学家拉卡伊新设的南天星座之一，因为没有明亮的星星，所以并不容易寻找。星图上绘制的并不是罗盘的圆规，而是制图用的圆规。

印第安座

Indus

晚秋到夏季时分可在南边地平线边缘处勉强观测到印第安座。它是一个南北向的、长长的星座。如果南下至冲绳附近，可以大致看到拉弓搭箭的印第安人的模样。构成这个星座的星星中仅有一颗 3 等星，其他都是 4 等星以下，因此很难寻找。设定这个星座的是 16 世纪的航海家，到了 17 世纪，德国天文学家拜尔将它绘制到星图上，由此正式被认可为星座。

孔雀座

Pavo

孔雀座位于射手座以南。在日本熊本以南地区可以观测到其一部分。以在头顶闪耀的 2 等星孔雀十一为中心，很容易令人联想到孔雀的样子，排列十分整齐。这个星座也由 16 世纪的航海家设定，17 世纪德国天文学家拜尔在星图上绘制后正式被认可为星座。其看点是球状星团 NGC 6752 和棒旋星系 NGC 6872。肉眼也能观测的恒星和美丽的旋涡非常值得一看。

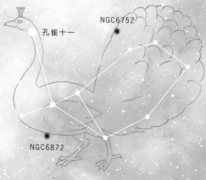

NGC6752

孔雀十一

NGC6872

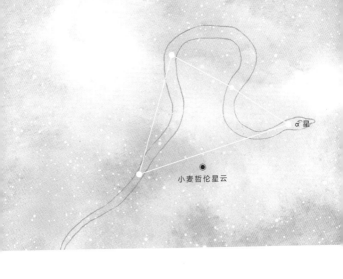

α星

小麦哲伦星云

水蛇座
Hydrus

　　水蛇座位于波江座以南。在日本，即便南下至石垣岛也无法观测到星座整体。这个星座全是 3 等星以下的星星，因此要找到它并非易事，但它旁边有小麦哲伦星云作为标志。水蛇座的设定者是德国天文学家拜尔。水蛇座 α 星在公元前 3 世纪是南极星。

蝘蜓座
Chamaeleon

蝘蜓座因为位于天空的南极附近，所以在日本完全观测不到。像这样的星座在全天 88 个星座中只有四个。蝘蜓座是全天第十小的星座。虽然构成这个星座的星星均为 4 等星以下，但它们的排列如同一个细长的柠檬，或许很容易令人联想到蝘蜓。设定这个星座的也是 16 世纪的航海家，17 世纪德国天文学家拜尔在星图上记录后被正式认证为星座。命名由来不明。

苍蝇座
Musca

苍蝇座位于南十字座以南。它和水蛇座一样，在日本即使南下至石垣岛也无法观测到星座整体。苍蝇座有两颗 3 等星，三颗 4 等星，排列呈歪斜的梯形，因此它在南天星座中是容易找到的星座之一。设定这个星座的也是 16 世纪的航海家，17 世纪德国天文学家拜尔在星图上记录后被正式认证为星座。但是，拜尔在星图上记录的星座名称是蜜蜂座。最终拉卡伊将名字定为苍蝇座，将它比作用来引诱蝾螈的苍蝇。

飞鱼座
Volans

飞鱼座位于船底座以南（1等星老人星的左下方附近），
是一个很小的星座。在日本，即便南下至石垣岛，也只能看到
它很少的一部分。飞鱼座的星星排列呈西洋梨状，虽然没有明
亮的星星，但因为它位于"假十字"和"大麦哲伦星云"之
间，因此可能比较容易找到。星图上描绘的样子宛若阿耳戈船
（船底座）舷侧展翼滑翔的飞鱼。它是荷兰航海家们设定的南
天十二星座之一，和其他星座一样，德国天文学家拜尔在星图
上记录后它被正式认证为星座。

大麦哲伦星云

剑鱼座

Dorado

剑鱼座位于波江座以南的远处。若南下至石垣岛，可观测到星座整体的约四分之三。这个星座因大麦哲伦星云（由麦哲伦发现，所以以他的名字命名）而知名，因其仿若飘浮在夜空中的云朵，所以法国天文学家罗耶当初为这个星云取名为大云座，并将它当作星座一般重视。设定该星座的也是16世纪的荷兰航海家，17世纪德国天文学家拜尔在星图上记录后它被正式认证为星座。

天燕座

Apus

    天燕座位于天空南极和南三角座之间，因此和蝘蜓座一样在日本完全无法观测到。天燕座的三颗 4 等星排列呈"〈"形。所谓天燕，是指生活在新几内亚周边的极乐鸟。大航海时代，人们十分珍视其美丽的羽毛，但也因此造成滥捕。运输到欧洲的极乐鸟的脚被斩断，却被误传为"无法停在树上，只能一直乘风飞翔"，于是取名为"天燕"。这个星座也是在拜尔于星图上记录后被正式认证为星座的。

八分仪座

Octans

　　八分仪座是最接近天空南极的星座。该星座呈细长的三角形，但因为没有明亮的星星，可能会令人倍感寂寥，其中也没有相当于南极星的星星。八分仪座和蝘蜓座、天燕座一样，是日本完全无法观测到的四个星座之一。八分仪和六分仪一样，也是天体观测中十分重要的工具，但性能上有所缺陷，六分仪是八分仪的改良版。拉卡伊也许是想表达对八分仪的感谢，所以将这个星座命名为八分仪座。

杜鹃座

　　杜鹃座位于天空南极附近、波江座 1 等星水委一和小麦哲伦星云之间。在日本，如果南下至奄美群岛附近，可以观测到杜鹃座的一部分。杜鹃喙部有一颗 3 等星，其他星星排列呈扁五角形状。这是一种生活于南美热带雨林的鸟类，在日本被称为"巨嘴鸟"，因此该星座在日本又被称为巨嘴鸟座，其羽毛颜色十分鲜艳，是一种美丽的鸟。大航海时代，船员们偷偷将这种异国动物带回了国。在拜尔设定的南天十二星座中，有十一个星座都以动物的名字命名。

网罟座
Reticulum

　　网罟座位于波江座 1 等星水委一和船底座 1 等星老人星几乎正中间的位置。在日本，只有在石垣岛附近可以观测到星座整体。网罟座的星星排列呈小小的菱形。所谓网罟，指的是望远镜上装配的标度线（在视野中画线作为观测基准）。和望远镜、时钟、显微镜、规尺等一样，都是拉卡伊常用的工具系列星座名。拉卡伊很喜欢使用菱形的网罟。这个星座的形状相对好理解，因此在拉卡伊之前，也有研究者曾在星图上绘以菱形。

山案座

Mensa

　　山案座位于网罟座以南，以天空南极为轴线几乎与八分仪座相对称。它和蝘蜓座、天燕座、八分仪座一样，是日本完全看不到的四个星座之一。山案座的星星呈"〈"形排列，但所有星星均为 5 等星以下，因此很难观测到。所谓山案，指的是桌山（海拔 1 087 米），拉卡伊曾在南非开普敦的桌山上设置观测所。桌山山顶平缓，形如桌子，因此得名。全天 88 个星座中，山案座是唯一一个现实中存在的地名。

Dictionary

of the universe

亮度 · 星等

Luminosity / Magnitude

星星根据亮度分为 1 等星、2 等星等，数字越小越亮。但这个数字表示的并不是星星本身的亮度，而是从地球上观测到的星星的亮度。即便星星再亮，如果它距离地球很远，那么在视觉上就会很暗（可见亮度与距离的平方成反比）。相反，即便没那么亮的星星，如果距离地球近，那么在视觉上就会很亮。太阳的亮度和星等为 −26.8 等，但它的实际亮度比 2 等星北极星暗。亮度和星等的起源其实非常悠久，它由古希腊天文学家喜帕恰斯所创。喜帕恰斯将夜空中闪耀的、显眼的二十颗明亮的星星划为 1 等星，将肉眼勉强可见的星星划为 6 等星，两者中间亮度的星星则划为 2 等到 5 等不等。令人惊讶的是，这个星等标准一直沿用到 19 世纪都未曾改变。到了 1830 年前后，英国天文学家赫歇尔计算了大量星星的亮度，然后公布了客观的划分标准，每相差一个星等，亮度就相差约 2.5 倍。按照这个标准计算，1 等星的亮度约为 6 等星的100 倍。

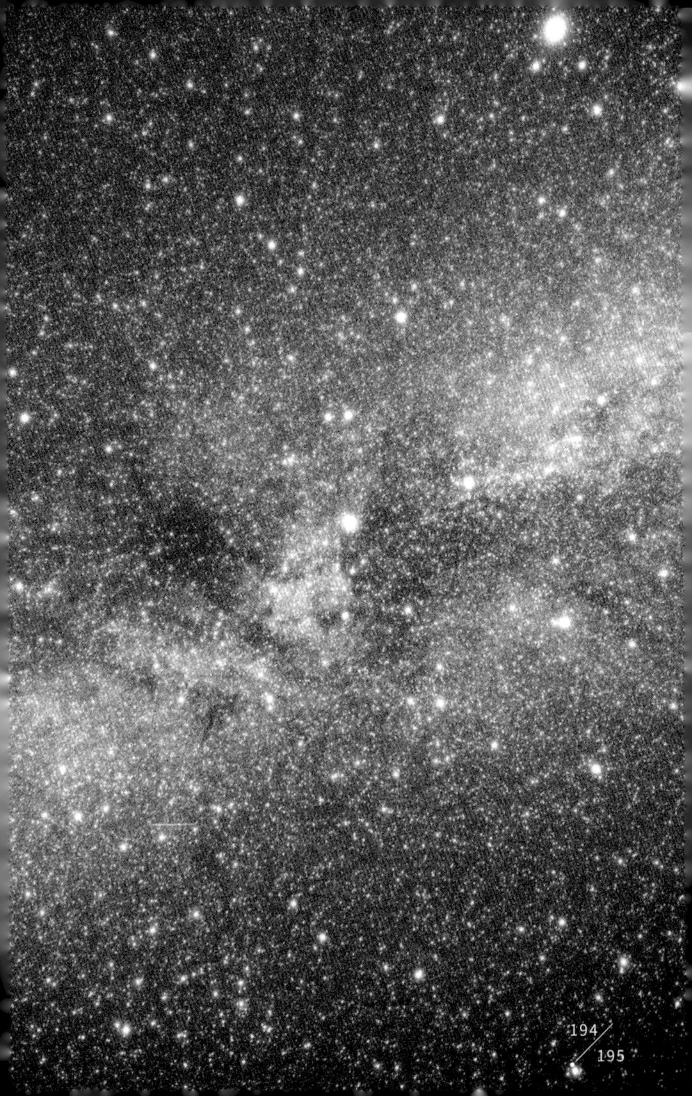
194
195

光年

Light-year

　　光年是天文学中使用的长度单位。光在宇宙真空中传播一年经过的距离计为一光年，其传播速度为每秒 30 万千米，一年约传播 95 000 亿千米。太阳和地球的距离约为 15 000 万千米，太阳光到达地球仅需 8 分 18 秒。因此，"光年"这个单位专用于度量太阳系以外的天体之间的距离。离太阳系最近的恒星、半人马座的 α 星南门二距地球 4.3 光年，大犬座 1 等星天狼星距地球 8.6 光年，银河系的半径为 5 万光年。太阳系位于距离银河系中心 3 万光年之处。银河系与仙女星系相距约 230 万光年，因此，现在我们看到的仙女星系其实是约 230 万年前遥远的宇宙尽头所释放的光。

暗能量 · 暗物质
Dark Energy / Dark Matter

  2003 年，NASA（美国国家航空航天局）公布：
"宇宙的 96% 由不明物质及能量构成。"（2008 年宣
布最新数据为 95%）。或许我们可以说，人类对于
宇宙几乎一无所知，在我们不知道的 95% 中，超过
20% 为暗物质（这些物质因为不释放光与电波所以
无法观测，但有重量），超过 70% 为暗能量（充满整
个宇宙的神秘能量，具有负压强，即一种与重力相反
的反引力）。

恒星

Fixed Star

像太阳一样，自身内部产生大量热并且发光的星星称为恒星。宇宙空间内飘浮的气体与尘埃聚集后产生了万有引力，形成了大型的块状物质。其中心因自身重力而向内塌缩，温度极高，最终发生核聚变反应，氢转化为氦。

没有一颗恒星是永恒的，它们都有各自的寿命。与太阳等质量的恒星寿命大约为 100 亿年。气体和微尘呈圆盘状运行的状态就是原始的星星，当开始发生核聚变后会释放出热量和光，原始的星星就会变成主序星。当寿命将尽，恒星开始变大并发出红光时，就会变成红巨星。这时形成星星的尘埃和气体向外部流失，就变成了行星状星云。而残留下来的红巨星内核部分，依靠残余热量发出白色光芒的星星被称为白矮星，冷却后失去光芒即变成黑矮星。

比太阳更大的恒星从主序星（因高温而闪耀着蓝白色的光芒，但是寿命较短，仅 100 万年左右）变为红色超巨星，最后发生超新星爆炸。爆炸后便不会再散发光芒，虽然有黑洞，但大多数情况下会变成飘浮在宇宙中的气体和微尘，然后成为新的星星的原材料。

受恒星的重力影响并环绕恒星运行的天体称为行星。行星自身不发光。地球也是围绕太阳这颗恒星运行的行星之一。与恒星相比，其运动轨迹十分奇怪，令人疑惑不得解，因此又得名"惑星"（Planet，意为"流浪者"），在日本别称"游星"。行星的运动轨迹很奇怪，是因为其公转速度不同于地球或其他行星。比如水星、金星会不时超过地球；相反，火星、木星、土星则会不时被地球超过。因此，行星有时会突然沿反方向运

行星

Planet

动。太阳系中有水星、金星、地球、火星、木星、土星、天王星、海王星八大行星。其中水星和金星被称为内行星，相比地球，离太阳更近，看上去几乎和太阳在一起，可于黄昏时分的西边天空及黎明时分的东边天空中观测到。相反，火星、木星、土星则被称为外行星，相比地球，它们离太阳更远，当它们位于与太阳相反的位置时更容易被观测到。因为它们在深夜时分位于南中天，所以几乎整晚都有可能观测到。

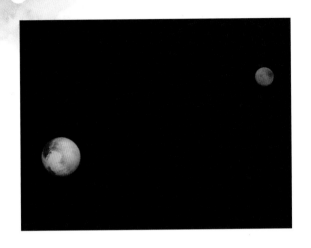

矮行星
Dwarf Planet

在除行星以外的天体中，具有一定的重量与体积，且形状接近于球体的行星称为矮行星。截至 2006 年，冥王星一直被列为第九大行星，但因为其体积小于月亮（为月亮的约 2/3），而且人们在太阳系内又发现了一些更大的天体，因此它被降为了矮行星。据说当初有人提议将比冥王星大的小天体升级，把行星个数定为十二个，但该提议因众多天文学家反对而搁浅。

卫星
Satellite

　　受行星的重力影响并环绕行星旋转的天体称为卫星。月亮是地球的卫星。伽利略率先发现地球以外的行星也存在卫星，他于 1610 年成功观测到了木星的 4 颗卫星（艾奥、欧罗巴、加尼美得、卡里斯托）。如今人们已确认木星有 67 颗卫星，火星有 2 颗卫星（福波斯、德莫斯），土星有 65 颗卫星（美马斯、恩克拉多斯等），天王星有 27 颗卫星（艾瑞尔、昂布瑞尔等），海王星有 14 颗卫星（特里同、利华特等）。

彗星

Comet

　　沿细长的椭圆形轨道绕太阳运行，一直闪耀的、有着美丽尾巴的天体称为彗星。

　　彗星由彗核和彗尾组成，其中彗核由冰物质和尘埃形成。彗尾一般有两种，一种是由带电气体形成的蓝色"离子尾"，受太阳风吹拂，沿太阳反方向延伸；另一种是由尘埃发光形成的黄色"尘埃尾"，受太阳引力影响，形态粗大且弯曲。

　　绕日周期不足 200 年的称为"短周期彗星"（如周期约 3 年的恩克彗星、周期约 76 年的哈雷彗星，十分有名），200 年以上的称为"长周期彗星"。短周期彗星来自海王星轨道外侧的柯伊伯带，长周期彗星则来自更外侧的奥尔特云。柯伊伯带和奥尔特云都由小行星、微行星和冰物质的碎片聚集形成。2013 年靠近太阳的 ISON 彗星引发了极大话题，但随后又突然消失，人们认为是太阳的热量导致其彗核被破坏。相反，2011 年的爱喜彗星靠近太阳后却并未消失，而是一直闪耀。

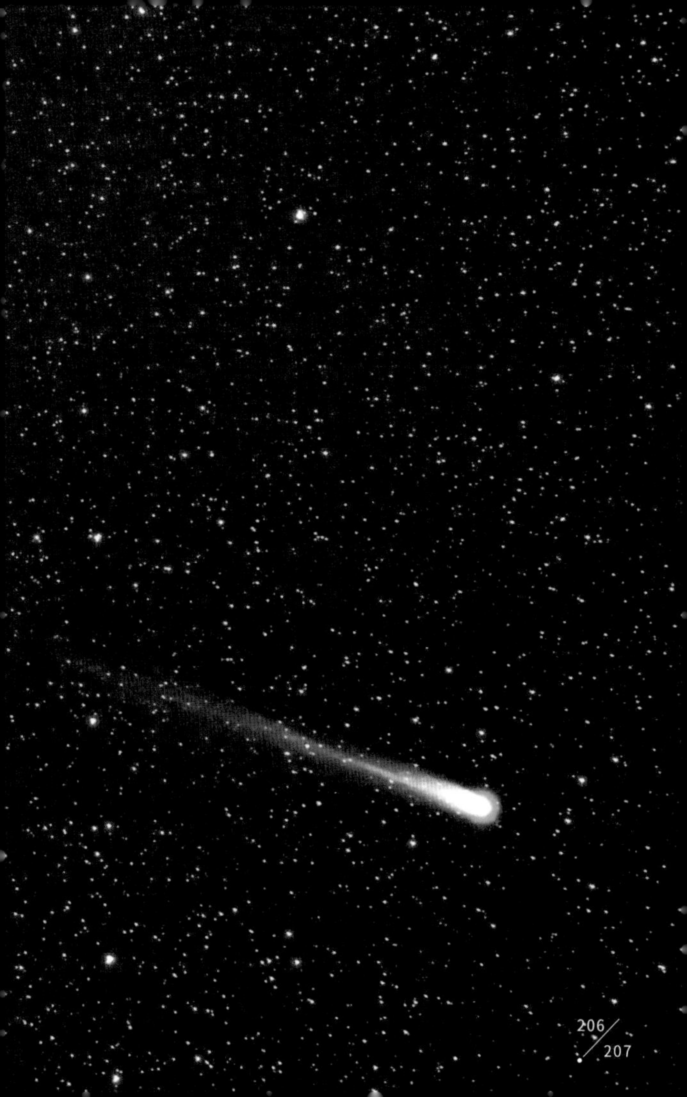

流星雨
Meteor Shower

　　流星其实并不是星星；它是宇宙空间中飘浮的尘埃，因受地球引力作用而与大气碰撞摩擦后燃烧产生的亮光。一次产生很多流星的现象称为流星雨。彗星留下的大量尘埃形成了尘埃带，流星雨就是地球突然进入尘埃带时产生的。每年固定时间都能看见流星雨，是因为地球每年都在同一时期撞入尘埃带。由于流星雨自夜空中的某一点（放射点）发散，因此人们通常会用该放射点所处的星座名来命名流星雨。每年有固定的时间可观测流星雨，比如 4 月下旬到 5 月中旬可观测水瓶座伊塔流星雨，7 月中旬到 8 月下旬可观测英仙座流星雨，10 月可观测猎户座流星雨，12 月可观测双子座流星雨。另外，狮子座流星雨每 33 年会出现一次高峰期，因为其来源——坦普尔·塔特尔彗星每 33 年会接近太阳一次。

星团
Star Cluster

　　多颗恒星构成一个星群，且相互之间存在引力作用，这个星群就被称为星团。

　　星团有疏散星团和球状星团两种类型。

　　疏散星团是指数十颗至一千颗恒星不规则分散形成的天体。星星从气体和尘埃集聚的星云中诞生，然后随着时间的流逝分散开来形成疏散星团，比如金牛座的昴星团和英仙座的双重星团、天蝎座的M6、M7等都是具有代表性的疏散星团。

　　球状星团则由数万颗乃至一百万颗恒星密集而成，其诞生的结构并不清晰，很多都已衰老，年龄在100亿—150亿年，接近银河系的年龄。比如武仙座的M13、半人马座的欧米伽星团和天蝎座的M80都是具有代表性的球状星团。

星云

Nebula

星星之间的气体和微尘集聚后形成像云一样的块状物体称为星云。星云分为三大类，分别为行星状星云、弥漫星云和暗星云。

体积与太阳相当的恒星临终时会释放出内部的气体，那时形成的就是行星状星云，比如天琴座的环状星云 M57、天蝎座的 NGC 6302，狐狸座的 M27、哑铃星云，都十分有名。体积大于太阳的恒星爆发后留下的星星残骸会变成超新星遗迹，最具代表性的就是金牛座的蟹状星云 M1。

弥漫星云是从地球看去发光的星云，分为两大类，分别为自体发光的发射星云和靠反射附近恒星光芒的反射星云，比如猎户座的 M42、猎户座大星云、仙后座的 NGC 281、天鹅座的北美洲星云、鹈鹕星云、船底座的船底座星云，均十分有名。

暗星云是由浓厚的气体和微尘聚集后遮挡光线的星云，代表性例子有麒麟座的锥状星云（由发射星云和暗星云组成）NGC 2264、猎户座的马头星云（距离地球 1 500 光年）以及南十字座的煤袋星云。

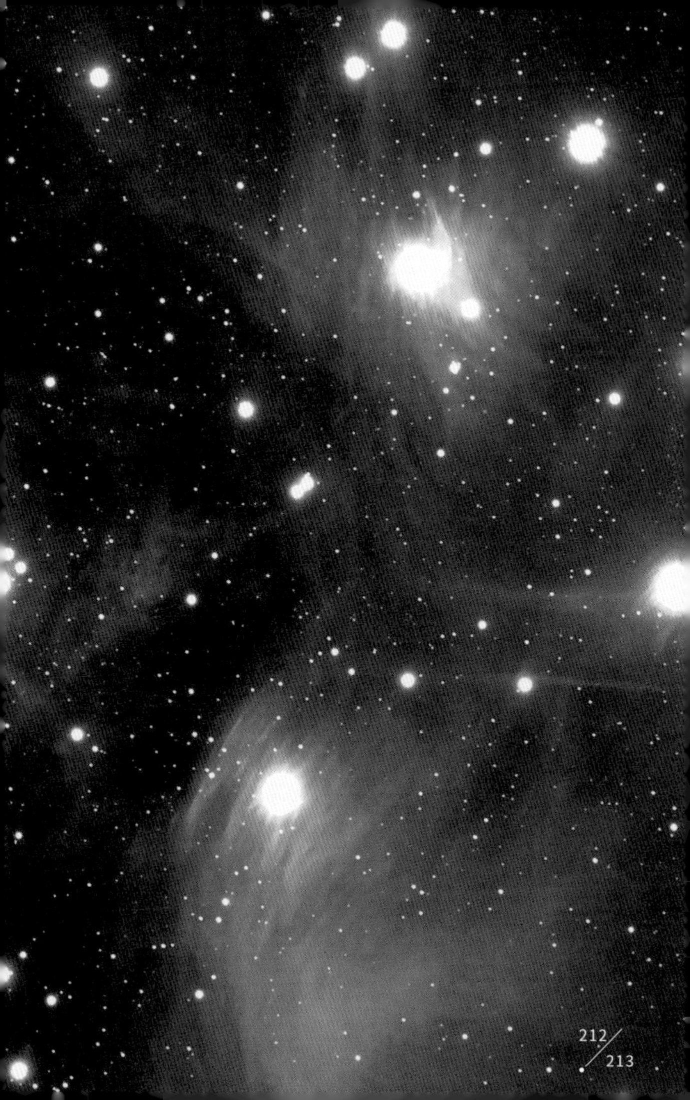

银河
Galaxy

　　银河由数千亿颗星星、星团、星云及无数行星、大量气体与尘埃构成。太阳系所在的银河系也是银河的一部分，约有两千亿颗恒星。

　　银河系以银核（众多星星密集）为中心呈涡旋圆盘状，有效直径约 100 000 光年，圆盘中最主要的是明亮的星星聚集后向外延伸的部分。沿横向来看，其中央部分呈膨胀的薄板状。如果沿薄板的平行方向眺望夜空，就会看到无数重叠的星星，那就是银河。而如果沿薄板的垂直方向眺望夜空，星星的数量就很少。银核附近有很多红色和黄色的年老星星，周边还有很多蓝色的年轻星星。银河系的星星以银核为中心运动，太阳系距离中心 28 000 光年，以每秒 240 千米的速度运动，运行一周约两亿年。

　　在英语中，为了和银河系以外的星系有所区别，包含太阳系的银河系记为 Galaxy。宇宙中除了银河系，还有上千亿个星系，类别多种多样。如形态和银河系十分相似的涡状银河（仙女座 M31、仙女星系、后发座 NGC 4414 等），还有和涡状银河相似但中心附近呈棒状的棒旋星系（波江座 NGC 1300

等），以及呈椭圆状的椭圆星系（室女座 M60 等），此外还有同时呈圆盘状和涡状的、并不显眼的透镜状星系（大熊座 NGC 2787 等）及不规则银河（大熊座 M82、大犬座 NGC 2207、IC 2163 等）。

另外，以银河系和仙女星系为中心、半径 300 万光年的星系群体称为本星系群；星系个数超过 50 个、在 1 000 万光年范围内密集的称为星系团（其中室女座星系团十分有名）。银河系距离太阳系最近的星系"大麦哲伦星云"16 万光年，距离仙女星系 230 万光年，距离包含最遥远星系的星系团超过 100 亿光年。

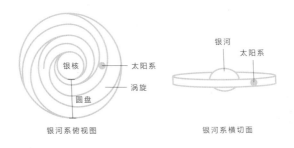

银河系俯视图   银河系横切面

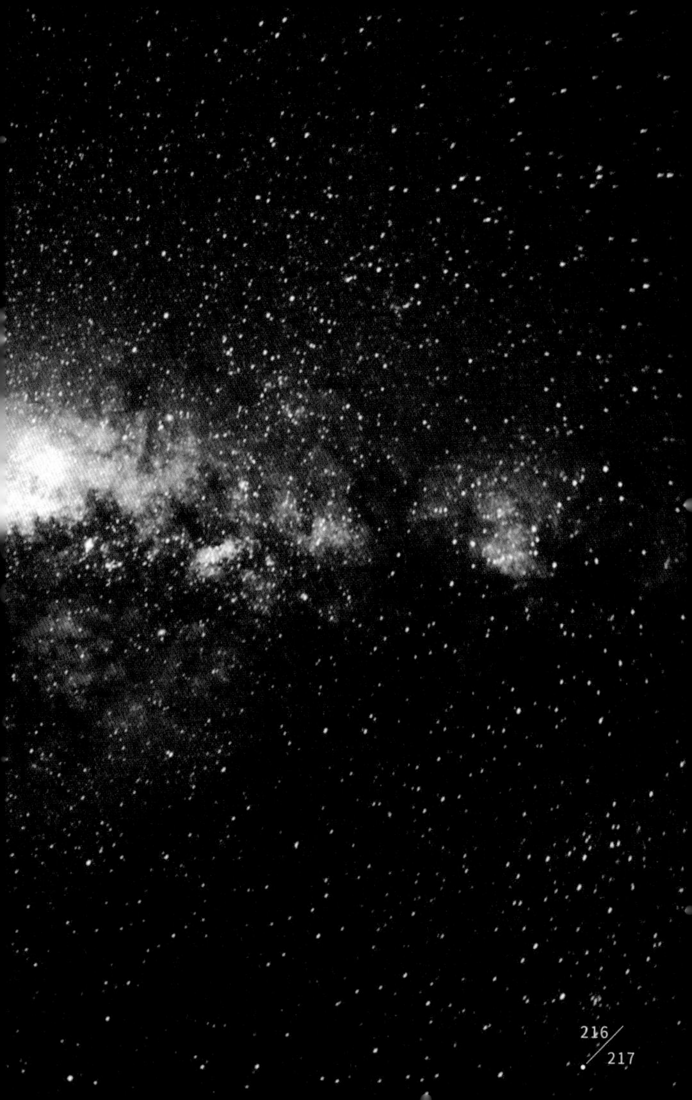

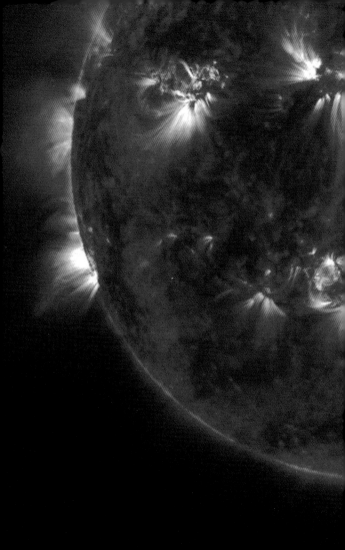

太阳
Sun

　　太阳是距离地球最近的恒星，是万物生命之源。因为万有引力的作用，它影响着太阳系中所有行星、彗星、小天体的运动。太阳在约 46 亿年前诞生于银河系的角落，寿命约为 100 亿年，表面温度 6 000℃，赤道半径 694 600 千米，直径 1 392 000 千米，约为地球的 109 倍，质量约为地球的 33 万倍。如今，太阳的自转周期为 25.38 日，但它在诞生之初十分活跃，曾多次爆发，自转周期曾达到 9 日。

水星

Mercury

　　水星是离太阳最近的、围绕太阳公转的行星。其直径
4 879 千米，是地球直径的 0.38 倍，质量约为地球的 0.06
倍，重力约为地球的 0.4 倍。

　　水星围绕太阳公转，运行轨道呈明显的椭圆状，公转周
期 88 天。平均轨道半径 5 790 万千米，合计 0.39 个天文单
位（地球和太阳的距离为 1 天文单位）。因为水星几乎没有大
气，所以温度变化剧烈，昼夜温差可达 600℃（平均表面温度
为 180℃），自转周期为 58.65 个地球日，和公转周期组合后，
一昼夜的长度便为 176 日，也就是说水星上一天的长度相当
于两个公转周期（2 年），十分奇妙。

　　另外，水星表面和月球表面一样有很多坑，这些坑大多以
知名艺术家的名字命名，其中有十三个以日本人的名字命名，
如"紫式部""清少纳言"。若在地球上观测，经常可以在太
阳附近看到水星，但只有日出和日落时很短的一段时间。水星
在希腊神话中对应的是主神宙斯的使者、商业之神赫尔墨斯。
它还被视作负责传递信息的星星，拥有丰富的知识与理论和极
强的理解力，但同时也很操心、神经质。

金星

Venus

金星是傍晚西边天空中闪耀的"长庚星"，也是拂晓前东边天空中闪耀的"启明星"，因此广为人知。其会和周期[1]为584日，和地球每8年处于几乎相同的位置关系。其平均轨道半径为10 820万千米，合计0.72个天文单位，是距离地球最近的、视觉上最亮的行星。

金星的最大亮度可达到 −4.9 等（太阳为 −26.8 等，月球为 −12.9 等，火星为 −2.5 等，木星为 −2.9 等），中国称为"太白"。直径12 104千米，为地球的0.95倍，质量约为地球的0.82倍，重力约为地球的0.9倍。公转周期255天，自转周期（自转方向与地球相反）243天。

金星大气的96%都是二氧化碳，基本没有氧气。覆盖着金星的厚云层的主要成分为硫酸，地表温度高（平均表面温度为464℃），气压高。它是最明亮、最闪耀的行星，在希腊神话中对应的是美与爱的女神阿佛洛狄忒（维纳斯），掌管爱、美与和平。它代表着考究的品味、艺术才能、财富，以及欢愉、短暂、优柔寡断。

1　会和周期：太阳、地球和一颗行星的相对位置循环一次的时间。

地球是围绕太阳公转的行星之一，距离太阳的平均距离约为 14 960 万千米，诞生于约 46 亿年前，赤道半径 6 378 千米，直径 12 756 千米。极半径 [1]6 357 千米，和半径仅 20 千米之差。虽说地球是个椭圆体，但它其实非常接近球体。其质量次于木星、土星、海王星、天王星，公转周期 365 天（准确来说是 365.0073 天），自转周期 1 天（准确来说是 0.9973 天）。地球上有氧气，且被大气层覆盖，大气层可阻止宇宙射

1　极半径：连结地球的中心和极点的长度，将地球看作旋转椭圆体时的短轴。

地球
Earth

线入侵，氧气和大气层的存在都与生命的繁荣息息相关。水星、金星、地球、火星这几个星球含有的氢、氦等微量元素都很少，被称为"地球型行星"，而木星、土星、天王星、海王星的构成元素以氢、氦为主，被称为"木星型行星"。地球内部由铁和镍等重量元素聚集形成地核，外侧则由铁和镁等硅酸盐矿物聚集形成地幔。

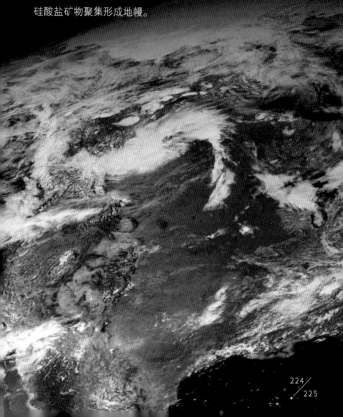

火星

Mars

火星是围绕地球外侧公转的行星，看上去为红色，因为其地表含有许多红色的铁锈。该星球上曾存在氧气，但后来大半逃逸到了宇宙空间中，地下有冰层，蒸发的水分变成云或者霜降下来。火星上还有一座奥林匹斯山，海拔 25 000 米，火山口直径达到 70 千米。火星平均表面温度为 −65℃，平均轨道半径 22 790 万千米，合计 1.5237 个天文单位。其轨道的离心率次于水星，因此它和地球之间的距离变化很大。会合周期为 780 日，每 15—17 年会有一次和地球非常接近。未来几十年内它和地球的接近时间分别为 2024 年、2039 年、2056 年、2071 年。火星的赤道半径 3 396 千米，直径 6 792 千米，是地球的 0.53 倍，质量约为地球的 0.11 倍，重力约为地球的 0.4 倍。公转周期 687 天，自转周期 1.03 天。

火星在中文中又名"荧惑"，它有两颗卫星，分别名为福波斯和德莫斯。在希腊神话中，火星代表的是战神玛尔斯，是一颗热情、能量满溢的十分活跃的行星。因为充满活力又有勇气，所以具有领导能力，但同时也有轻率、冲动、粗暴、性急的缺点。

木星

Jupiter

木星是太阳系最大的行星。它不像地球和火星那样由岩石构成，而是由氢气和氦气聚集后形成的天体（中心有一个岩石和冰块构成的核），因此它的地表比较模糊。

木星表面被氨云等气体覆盖，公转周期 11.86 年，自转周期 0.41 天，运行速度极快。云朵随自转而流转，因此木星看上去呈条纹模样。木星的赤道直径 142 984 千米，是地球的 11.21 倍。质量约为地球的 318 倍（体积为地球的 1316 倍），重力约为地球的 2.4 倍。平均表面温度 –110℃。木星的平均轨道半径 77 830 万千米，合计 5.2 个天文单位。包括伽利略发现的 4 颗卫星艾奥、欧罗巴、加尼美得和卡里斯托在内，共有 67 颗卫星 [1]。其中艾奥上存在活火山。欧罗巴的表面已确认有水喷出，因此很有可能存在生物。在希腊神话中，木星代表主神宙斯（朱庇特 [2]），是代表幸运与善良的行星。

1　共有 67 颗卫星：2018 年 7 月 17 日，美国研究人员表示新发现了 12 颗木星卫星，使已知的木卫总数增加到 79 颗。

2　朱庇特：罗马神话三主神之一，原为天神，掌管气象现象，视同希腊神话的宙斯。

土星
Saturn

土星是太阳系中大小仅次于木星的行星。它和木星一样，是一个由氢气和氦气构成的天体。其最显著的特征是有一个巨环围绕。该巨环的厚度仅数十米，因此被认为是冰粒聚集形成。乍一看这个巨环只由三个环组成，但实际上它是由无数个细环构成的。土星围绕木星外侧运转，其平均轨道半径142 940万千米，合计9.6个天文单位，是肉眼可观测到最远的行星。其赤道半径60 268千米，直径120 536千米，是地球的9.45倍。质量约为地球的95倍（体积为745倍）。但重

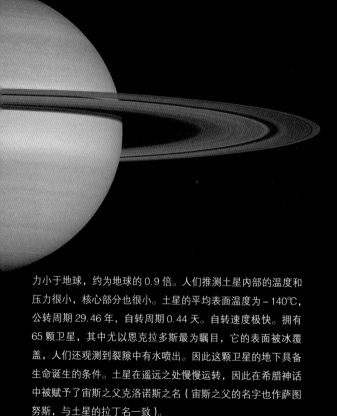

力小于地球，约为地球的 0.9 倍。人们推测土星内部的温度和压力很小，核心部分也很小。土星的平均表面温度为 - 140℃，公转周期 29.46 年，自转周期 0.44 天。自转速度极快。拥有 65 颗卫星，其中尤以恩克拉多斯最为瞩目，它的表面被冰覆盖，人们还观测到裂隙中有水喷出。因此这颗卫星的地下具备生命诞生的条件。土星在遥远之处慢慢运转，因此在希腊神话中被赋予了宙斯之父克洛诺斯之名（宙斯之父的名字也作萨图努斯，与土星的拉丁名一致）。

天王星

Uranus

天王星的发现者是 1781 年出生于德国的英国天文学家赫歇尔，视星等 5.3 等，勉强能用肉眼观测。这颗星星分为三层，中心核为岩石质，外罩为冰，上层为氢和氦。大气中除了氢和氦，还有很多甲烷。因为甲烷吸收红色光线，所以它看上去是蓝色的。

天王星和土星一样有很多环。这颗行星最显著的特征是面对公转面呈横卧状自转，其自转轴与轨道轴倾斜呈 98°。直径 51 118 千米，约为地球的 4 倍，质量约为地球的 15 倍，重力约为地球的 0.9 倍，平均表面温度 −195℃。公转周期 84.02 年，自转周期 0.72 天。平均轨道半径 287 500 万千米，合计 19.2 个天文单位，拥有 27 颗卫星。

其英文名来源于希腊神话中克洛诺斯之父、众神始祖、天空之神乌拉诺斯。天王星被发现于工业革命时代，因此人们将它视作一颗具有进取精神的星星，在具有独创性和创造力的同时，也有孤独、流浪、善变的缺点。

海王星

Neptune

海王星是距离太阳最远的行星，视星等 7.8 等，肉眼无法观测。科学家们认为天王星的运动是因为受到另一颗未知行星的引力影响，因此展开了研究。1846 年，法国天文学家勒维耶预测了海王星的位置并最终被证实。

海王星和天王星一样，由水、甲烷和氨冰构成。由于大气中含有大量甲烷，因此看起来比天王星更蓝。因云层数量等会发生周期性变化，它可能像地球一样有季节之分。海王星直径 49 528 千米，约为地球的 3.88 倍，质量约为地球的 17 倍，重力约为地球的 1.1 倍，平均表面温度 –200℃。公转周期 166.77 年，自转周期 27.32 天。平均轨道半径 450 440 万千米，合计 30.1 个天文单位。拥有 14 颗卫星。

海王星如大海般蔚蓝，被赋予希腊神话中海神波塞冬（尼普顿）之名，是一颗掌管灵感的星星。代表敏感、直观、优越的洞察力，同时也因伤感和欺瞒而导致状态不稳定。

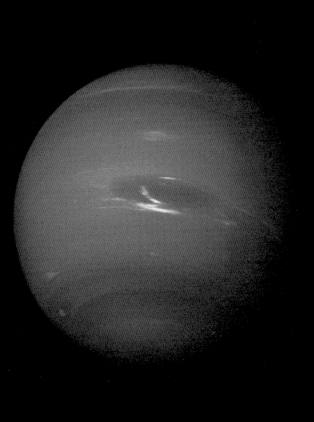

月

Dictionary

of the moon

月球
Moon

　　月球和地球一样诞生于约 46 亿年前，是地球唯一的卫星，半径 1 734 千米，约为地球的 0.27 倍，质量为地球的 0.012 倍。月球上基本没有大气，重力约为地球的 0.17 倍。它一边自转一边绕地球公转，周期均为 27.32 日，因此常常背对地球。月球和太阳的位置关系在新月、上弦月、满月、下弦月等盈缺状态之间循环，满月时视星等

为 –12.9 等，是夜空中最明亮的天体。在希腊神话中，太阳象征着父性，与之相对，月亮象征着母性。另外，月亮自古便象征着浪漫，它细腻、感性、富有想象力，同时也冲动、善变。

月面

Getsumen

　　月球的表面称为月面。月面的 35% 都是被称为"月海"的玄武岩层，其他地方则是由小石头聚集而成的角砾岩构成。月面整体都被砂石即月壤覆盖。1969 年 7 月 20 日，美国宇航员尼尔·阿姆斯特朗搭乘阿波罗 11 号飞船实现人类首次登月。

月海

Tsukinoumi

　　月面上被深色玄武岩覆盖的平原称为月海。约 40 亿年前因微行星冲撞月球产生了月坑，月球内部流出的玄武岩岩浆填埋月坑后形成了月海。月海占据了约 35% 的月面，而地球上看不到的月球背面基本没有月海。日本称月海为"海""大洋""湖"或"海湾"等，也有"静谧的海""暴风雨的大洋""梦之湖"等称呼。另外，世界各地将月海比作各不相同的事物，比如"捣药的兔子""钳子很大的螃蟹""狂吠的狮子"等。

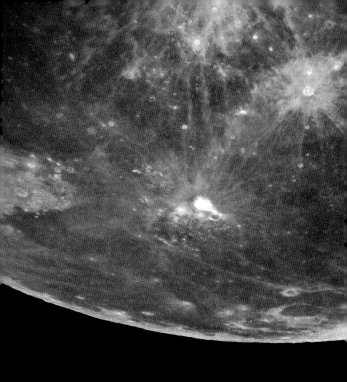

月坑

Crater

　　微行星和彗星冲撞形成的盆地（主要为圆形）及其周围的圆环状山脉所构成的地形称为月坑。月球的大部分月坑都产生于38亿余年前，其中大多都以人名命名，如"亚里士多德""哥白尼"。

月壤

Regolith

　　固体行星、小行星、月球等表面覆盖的堆积层称为风化层，月球表面的风化层称为月壤，包括岩石碎片和微行星冲撞爆炸产生的碎片等，几乎覆盖了整个月面。

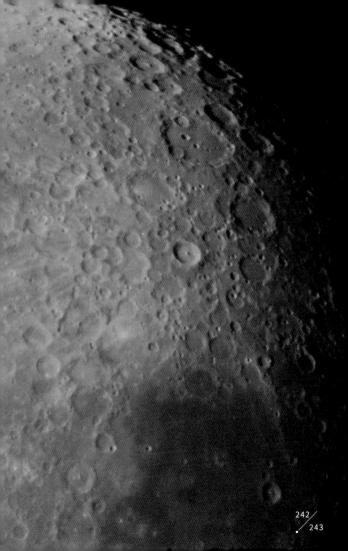

242/243

恒星月
Koseigetsu

　　月球绕行地球一周的周期称为恒星月，约 27.23 日。月球盈缺的周期称为朔望月，为 29.53 日，因为在此期间地球在公转。

白道
Hakudo

　　天球上的月球运行轨道称为白道，相对太阳在天球上的运行轨道"黄道"，二者平均成 5° 09′ 的夹角。黄道和白道的交叉点"升交点"绕行黄道一周后回到原点，绕行周期约 18.6 年。

地照
Chikyusho

　　月缺部分因地球反射的太阳光而微微发光的现象称为地照。当处于新月前后、月龄从二十七到初三时，月光较少而地球反射光较多，这时可以在空气澄澈、光线昏暗的地方观测到地照。

月食

Gesshoku

因地球运行至太阳和月球中间，导致太阳投射到月球的光线被地球遮挡，这时在地球上看到月球的全部或部分亏缺的现象称为月食。

日食
Nisshoku

　　月球运行到地球
和太阳中间，导致太
阳光被遮挡的现象称
为日食。太阳完全被
遮挡的现象为日全食，
太阳面呈环状的现象
为日环食，部分被遮
挡的为日偏食。

朔

Saku

当月球运行到与太阳同一
方向时，从地球上看不到月球
时的月相称为朔。时间是阴历
每月初一。月龄为 0。

朔望

Sakubo

月球的盈缺称为朔望。围
绕地球公转的月球被太阳光照
射，反射太阳光的部分会发生
变化，因此朔望取决于地球、
月球和太阳的位置关系。从朔
（新月）到望（满月）再到朔
的过程称为朔望月，其周期约
为 29.53 日。

朔日

Sakujitsu

新月的这一天称为朔日。时间为阴历每月初一。初一在日语中写作"ついたち"，其发音来源于"月立ち（つきたち）"一词，意为"月亮出现"。

月龄

Getsurei

从新月起计算各种月相所经历的天数称为月龄，大致与月球的盈缺联动，但因月球的运行轨道是椭圆形的，盈缺速度并不固定，因此未必完全一致。

新月
Shingetsu

　　新月又名朔，当月球运行到与太阳同一方向时，在地球上看不到月球时的月相就叫新月。月龄为0。另外，新月在阴历上还指每月初看到的细长的月亮，因纤细似女性的眉毛，因此也称眉月。

初月

Hatsuzuki

和新月一样，初月在阴历上指当月首次看到的月亮，尤其是阴历八月最初看到的月亮。仿佛在追逐夕阳，日落后亦即刻消失。在日语中也指阴历初三夜的月亮，即"三日月"。

月相

Gesso

月面发光部分变化所呈现的形状称为月相。主要的月相有新月、上弦月、满月、下弦月。

纤月
Sengetsu

像线条一样细长的月
亮称为纤月，它是二日
月、三日月等细长月相的
总称。

三日月

Mikazuki

阴历每月初三看到的月亮称为三日月。月龄为2。从这时开始人们能够看到月亮。月亮右侧像镰刀一样细长闪耀，日落后可以在西边天空看到。因其形状也被称为月之剑。

上弦月

Jogennotsuki

从新月变为满月期间的半
圆形月亮称为上弦月。月龄为
6。日落的黄昏时分，月亮位
于南边天空中，左半边呈亏缺
状，之后逐渐向西移动并渐渐
向右倾斜，然后坠入深夜。它
因状似拉弦的弓而得名，也称
为上弦。

弦月

Yumiharitsuki

上弦月、下弦月的总称。
因月亮形状状似拉弦的弓而得
名。别名弯月。

十日夜
Tokanya

阴历十月十日的夜晚。在这个晚上，日本东部地区会举行收割仪式。和十五夜一样，人们也会在十日夜供奉供品，十日夜别称"收割十日"，人们认为这一天是水稻收割完成、田地之神要回到山里的日子。在日本西部地区，阴历十月的亥日会举行名为"亥子"的收割仪式。

十三夜
Jusanya

阴历每月十三日夜晚。尤其指九月十三日的夜晚。十三夜的月亮十分美丽，仅次于满月。在日语中，八月十五夜别名"后之月""芋名月"，而十三夜则别名"豆名月""栗名月"，各地会在这个晚上举行赏月和收割仪式。

待宵月

Matsuyoizuki

阴历每月十四日的月亮称
为待宵月。尤其指八月十四日
的月亮。月龄 13。旧时，赏月
活动在平民百姓中较如今更盛
行，那时人们快乐地等待第二
天的名月[1]，因而将十四日晚
上的月亮取名待宵月，也称小
望月。

名月：阴历八月十五夜晚的月亮。

十五夜

Jūgoya

　　阴历每月十五日的夜晚。尤其指
八月十五日的夜晚。因为阴历八月
正好是秋季中期，因此八月也被称
为"中秋"，八月十五日的月亮被称
为"中秋名月"。又因有供奉刚收获
的芋头的习惯，因此别称"芋名月"。
人们自古便认为这一天是观月的好时
节，所以各地都会举办赏月的宴会。
此外，由于三和五相乘等于十五，因
此十五夜也称为"三五"。

亏月
Kigetsu

从满月变为新月的过程中渐渐亏缺的月亮称为亏月。

无月
Mugetsu

中秋夜因为云层遮挡导致看不到月亮的现象称为无月。

盈月
Eigetsu

从新月变为满月的过程中渐渐变圆的月亮称为盈月。

雨月
Ugetsu

中秋夜因为下雨导致看不到月亮的现象称为雨月。

满月

Mangetsu

当月球、地球和太阳按照"月地日"的排列顺序处于同一直线上，在地球上看到的整个月球都处于太阳光照射之下的现象称为满月。月龄14。人们尤其喜欢观赏八月的满月，称为名月。日落时分，满月自东边天空升起，深夜时分移向南边天空，到了日出时分又沉入西边天空。别称望、望月、天满月。

月天心
Tsukitenshin

　　位于高处同时穿过
天空中心的冬季满月称
为月天心。位于北半球
中纬度地区的日本，月
亮高度在冬季最高。

明月

Meigetsu

没有云层遮
挡、澄澈的满月
称为明月，或称
名月。

十六夜

Izayoi

阴历每月十六日的夜晚称为十六夜。月龄 15。十六夜的月亮比十五夜约晚五十分钟升起，因其徘徊犹豫着上升而得此名——"十六夜"在日语中的发音与"徘徊"一致。另外，因为十六夜代表着满月已结束，因此也称作既望。

更待月

Fukemachizuki

阴历每月二十日夜晚的月亮称为"更待月"，别称二十日月。月龄 19。因为月亮在深夜时分升起，而深夜在日语中叫作"夜更け"，因而取名"更待月"，意为等待"夜更け"的月亮。另外，因月亮在亥时升起，也称亥中之月。

下弦月

Kagennotsuki

从满月变为新月期间的半圆形月亮称为下弦月。月龄22。深夜时分从东边天空开始升起，右上部分亏缺，然后逐渐向右倾斜，日出时分升入南边天空。下弦月和上弦月不同，它挂在天空中时下方并不呈拉弦状，但是当它落下时，下方就会出现拉弦状。

等待二十三夜

Nijusanyamachi

阴历二十三日后半夜升起的月亮称为等待二十三夜。据说人们通过等待月亮来祈祷健康无虞。这一天的月亮在零点出现，因此也称为夜阑之月（"夜阑"指的是夜将尽时）。

二十六夜

Nijurokuya

阴历二十六日出现的月亮称为二十六夜。因其在破晓之时还残留在天空中，也称为晓月、黎明之月、残月——这些均为十六夜以后月亮的总称。

月光
Gekko

月球的光
芒。月球本身
并不发光，月
光其实是太阳
的反射光。别
称月华、月明。

月前
Getsuzen

月光照射的范围
称为月前。该词也比
喻因受其他势力影响
导致存在感很低。

月影
Tsukikage

月球和月光也可
称月影。也指月亮的
形状和姿态以及月光
照射产生的影子。

薄月
Usuzuki

　　被薄薄的云
层遮盖导致看不
清的月亮称为薄
月。闪耀着薄月
柔和光芒的夜晚
称为薄月夜。

胧月

Oborozuki

隐藏于雾和霭
之中，在少许霞光
照射下看到的月亮
称为胧月。微微闪
耀着胧月光芒的夜
晚称为胧月夜。

月晕

Getsuun

　　天空中有薄云层时月球周围产生光圈的现象称为月晕。当薄薄的云层悬挂在天空中时，形成云的冰晶像棱镜一样令光线折射，就产生了月晕。太阳也有相同的现象，称为"日晕"。因为太阳光线很强，所以日晕颜色如彩虹一般，但是月晕颜色很浅，肉眼看上去只是单纯的白色。

水月
Suigetsu

倒映在水面的月亮称为水月，也指虚幻之物。诸如镜子中映照的花和水中倒映的月亮，这些看得到但触碰不到的事物称为"镜花水月"。

寒月
Kangetsu

　　凄凉皎洁的冬
季月亮称为寒月。
白色的月光更加深
了凄寒之感，因此
取名寒月。

雪待月
Yukimachizuki

　　似要下雪般的
天空中出现的月亮
称为雪待月。也
是阴历十一月的
别称。

皓月

Kogetsu

明亮闪耀的月亮。也叫明月、名月。

佳月
Kagetsu

美丽的月亮，名月。

后记

Afterword

　　繁星美极。

　　人们必定都曾想过，地球之外是否也有智慧生命能感知它们的美丽？

　　仅银河系就有约两千亿颗恒星，而宇宙中有超过一千亿个这样的星系，大家都会觉得或许存在着无数个和地球有相同环境的行星吧？

　　事实上，一个行星上要存在智慧生命体，所需条件比想象的更为严峻。

　　首先，基本条件是必须存在液态水。当然了，如果只是单纯的生命体，那么只要有液态甲烷（土星卫星泰坦上存在液态甲烷形成的河与湖）就有可能性，但是这种生命体进化为智慧生命体的可能性很低。存在液态水的区域称为"宜居带"。以太阳系为例，宜居带就是地球运行轨道略内侧到火星运行轨道附近这一块区域。但火星上并不存在"液态水"，它的重力仅为地球的十分之一，大气无法持续存在。如果气压很低，水的温度就会降低、变成气体。人们认为火星上以前存在过水，但是后来全蒸发了，月球也是如此。金星的体积基本与地球相当，但是它的运行轨道过于接近太阳，所以表面温度太高，导致水分全蒸发了。木星、土星则距离太阳过远，导致水凝结成冰，木星和土星的卫星上存在水是因为巨大的重力"潮汐力"对它们造成了影响。

其次，行星的自转速度也很重要。不自转的另当别论，如果自转过慢或过快都很难维系生命。地球的自转周期为 24 小时，这种速度十分绝妙。

最后，恒星的体积也很重要，因为比太阳更大的恒星寿命会很短，可是智慧生命体的诞生需要数十亿年。如果是这样的话，即便生命诞生了，巨大的恒星也很有可能在生命体进化为高等生物前燃烧殆尽。

除此之外，地球还有很多幸运之处。例如，如果没有木星那么巨大的行星，那么地球就会和无数小行星相撞；如果没有月球，地轴的倾斜度就会发生很大的变化，导致气候剧烈变化。地球之所以被称为"奇迹之星"正是出于这些原因。

近来因为宇宙观测技术的进步，人类陆续发现了和地球环境有相似处的行星。

我想，一定有像我们人类这样的智慧生命体，站在其他行星上，和我们一样为这美丽的星辰震撼不已。

今夜星辰必定美丽又神秘。

柳谷杞一郎

索引

参考书目

Reference

- 《理科年表 2016》日本国立天文台 / 丸善出版
- 《天文年鉴 2016》日本天文年鉴编辑委员会 / 诚文堂新光社
- 《日本大百科全书》小学馆
- 《全天星座百科》[日]藤井旭 / 河出书房新社
- 《星座辞典》[日]沼泽茂美 [日]胁屋奈奈代 / NATSUME 社
- 《星空众神》[日]长岛晶裕 [日]ORG/ 新纪元社
- 《寻找星星》[日]林完次 / 角川书店
- 《让你难以入眠的宇宙故事》[日]佐藤胜彦 / 宝岛社
- 《让你更难入眠的宇宙故事》[日]佐藤胜彦 / 宝岛社
- 《首个大人和孩子都着迷的宇宙故事》[日]佐藤胜彦 / KANKI 出版
- 《教你认识星座和神话》日本宇宙科学研究俱乐部 / 学研出版
- 《大家一起找星座》[美]H.A. 雷伊著 / 草下英明译 / 福音馆
- 《讲谈社的 MOVE 图鉴 星星和星座》[日]渡部润一 / 讲谈社
- 《你了解希腊神话吗？》[日]阿刀田高 / 新潮社
- 《我的希腊神话》[日]阿刀田高 / NHK 出版
- 《图解希腊神话》[日]丰田和二 / NATSUME 社
- 《教你看懂星星和星座》[日]縣秀彦著 / 学研出版
- 《星星的文化史辞典》[日]出云晶子 / 白水社
- 《天空之名》[日]林完次著 / KADOKAWA
- 《夜空与星星的故事》PIE BOOKS 制作 / PIE International
- 《恒星与行星》[英]安德鲁·K. 约翰斯顿主编 [日]后藤真理子译 / 化学同人

著作权人

Credit